乡村振兴精品教材

U0272097

农用无人机
操作与植保技术

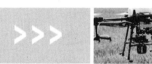

◎ 张 强 仇丽杰 姜 卉 杨 越 主编

中国农业科学技术出版社

图书在版编目（CIP）数据

农用无人机操作与植保技术／张强等主编 .--北京：中国农业科学技术出版社，2022.8（2024.12重印）

ISBN 978-7-5116-5817-3

Ⅰ.①农… Ⅱ.①张… Ⅲ.①无人驾驶飞机-应用-植物保护 Ⅳ.①S4

中国版本图书馆 CIP 数据核字（2022）第 118044 号

责任编辑　周丽丽　白姗姗
责任校对　李向荣
责任印制　姜义伟　王思文

出 版 者　中国农业科学技术出版社
　　　　　北京市中关村南大街 12 号　　邮编：100081
电　　话　（010）82109194（编辑室）　　（010）82109702（发行部）
　　　　　（010）82109709（读者服务部）
网　　址　http://www.castp.cn
经 销 者　各地新华书店
印 刷 者　北京中科印刷有限公司
开　　本　140 mm×203 mm　1/32
印　　张　5
字　　数　130 千字
版　　次　2022 年 8 月第 1 版　2024 年 12 月第 7 次印刷
定　　价　38.80 元

《农用无人机操作与植保技术》
编委会

前　　言

自农村实行土地承包经营以来，农业机械化走过了一个逐步发展的历程。农业机械化不断适应农业生产要求，在不同的阶段表现出不同的发展趋势，在农村经济建设中发挥了重要作用。从简单替代体力劳动到不断改善农民生产生活水平，再到根据市场经济发展要求，逐步形成专业化经营、社会化服务的新产业。

高科技农业机械的广泛应用，为农业生产提供了强大的动力，大大地提高了农业生产水平。现在农业机械不仅广泛地应用于种植业，还在林业、畜牧业、水产养殖业、农副产品加工、运输业等领域得到了广泛的应用。随着农业、农村经济的进一步发展，农业机械化的步伐将会进一步加快，农业机械的应用领域也将进一步拓展，高科技农业机械在农业生产和农民生活中将会发挥越来越大的作用。

农业是立国之本，强国之基，是国家得以持续发展的根本保证。中央一号文件每年都把农业作为一项重要内容，充分体现了国家对农业的重视程度。但是，目前国内农业发展存在生产效率低、农药使用超标等问题，制约了我国农业的发展，影响人民的日常生活与健康。

农药喷洒是粮食生产的重要环节，对防病治虫、保证粮食安全和农业高产稳产至关重要。但是因为施药方法的限制，带来的生产成本增加、农药使用量较大、农产品残留超标、作物药害、环境污染等问题。为有效控制农药使用量，保障农业生产安全、农产品质量安全和生态环境安全，农业农村部制定了《到2020年农药使用量零增长行动方案》，明确要求在2020年实现农药生产、使用零增长。

农用多旋翼无人机能够进行农药喷洒、种子播撒、肥料播撒等作业，相对于传统的人工农药喷洒方式具有效率高、节水、省药、操作安全的特点，是保障农业增产增收的有力武器之一。我国农村土地较为分散，丘陵地形多，农用多旋翼无人机非常适合我国的实际农业生产情况。随着城镇化的快速发展，大量的农民进入城市成为城镇居民，农村的土地流转速度逐步加快，这为农用多旋翼无人机的发展提供了更为广阔的天地。

2016年，可称为我国农用多旋翼无人机发展"元年"，我国的农用多旋翼无人机无论是保有数量还是作业面积都获得了极大的增长，市场呈"井喷式"发展。与此不符的是，国内专业的农用多旋翼无人机操作人员培训却没有相应地发展起来，现有的农用多旋翼无人机操作人员基本上都没有进行过专业系统的培训，这限制了国内农用多旋翼无人机行业的发展。为了满足农用多旋翼无人机操作人员专业性、系统性的培训需要，我们与大疆创新旗下的慧飞无人机应用技术培训中心合作，编写了本书。本书选取大疆创新系列多旋翼农用无人机产品为示例，介绍多旋翼农用无人机的基本原理、结构、操作、维护、安全使用，以及农药与病虫害基础等知识。在此，向为我们提供相关资料的慧飞无人机应用技术培训中心的各位老师表示衷心的感谢。

　　国内农用多旋翼无人机发展历史较短，产品迭代更新速度较快，由于编者水平有限，本书不足之处在所难免，希望广大读者提出宝贵意见。

编　者

2022 年 5 月

目　　录

农用无人机操作与植保技术

第一章 概　述

第一节　飞行器及其种类

　　1903 年，莱特兄弟研制的飞机成功飞行，一个飞行器的时代就此来临，人类飞行之梦已然成真。截至目前，飞行器的发展已经有一百多年的历史，在这一时期内，飞行器快速发展，飞行器的机翼由 2~3 层发展到单层，飞行器的动力由内燃机螺旋桨发展到涡轮喷气发动机，飞行的速度由不足 200 km/h 发展到现在的接近 4 000 km/h。同时，飞行器的类型也出现了多样的变化，在主流固定翼飞行器之外，直升机、多旋翼机、飞艇也都在快速发展。

　　能在大气层内进行可控飞行的各种飞行器，都必须产生一个大于自身重力的、向上的升力，才能升入空中。根据产生向上力的基本原理的不同，飞行器可划分为两大类：轻于空气的飞行器和重于空气的飞行器。前者靠空气的浮力升空，如气球、飞艇等；后者依靠空气动力克服自身重力升空，如民航客机、直升机等。

　　重于空气的航空器应用最广泛的主要有固定翼飞行器和旋翼飞行器。

一、固定翼飞行器

固定翼飞行器主要由固定的机翼产生升力。固定翼飞行器的机翼是固定的，不能旋转，依靠通过机翼的气流提供升力的飞行器类型。我们生活中常见的喷气式民航客机空客 A350、波音747 等都属于固定翼飞行器的范畴，同时，固定翼飞机（图 1-1）也是世界上保有量最大的载人飞行器。

图 1-1　固定翼飞机

固定翼飞行器的优点是续航时间长、飞行效率高、载荷量大、飞行稳定性高，缺点是起飞时必须助跑或者借助器械弹射，降落的时候必须要有符合滑行要求的跑道或是利用降落伞降落。

二、旋翼飞行器

旋翼飞行器（图 1-2）由一个或者两个螺旋桨的旋转产生空气动力来提供升力的垂直起降型飞行器。常见的机型是直升机，由一个主旋翼提供升力，同时机尾有尾翼来抵消主旋翼产生的自旋力。直升机主旋翼有极其复杂的机械结构，用以控制飞行器的飞行动作。

旋翼飞行器的特点是可垂直起降、无须跑道、地形适应能力强，缺点是机械结构复杂、维护成本高、续航及速度都低于固定翼飞行器。

图1-2 旋翼飞行器

三、多旋翼飞行器

多旋翼飞行器（图1-3）是指拥有3个或者更多旋翼的直升机类飞行器，属于直升机飞行器的一种，一般称之为多旋翼飞行器，而不再称之为直升机飞行器。多旋翼飞行器的机械结构非常简单，螺旋桨直接连接在电机上，全机的运动部分只有桨叶和电机。目前，多旋翼飞行器主要应用在无人飞行器，载人多旋翼飞行器多处于研发阶段，还没有成熟应用。

图1-3 多旋翼飞行器

多旋翼飞行器的特点是能够实现垂直起降，并且自身机械结构简单，无机械磨损。多旋翼飞行器主要优点在于操纵简单、起降方便、工作可靠，这也是其在短短十几年时间迅速发展，成为航拍、影视、植保等主要飞行器平台的原因。缺点是其续航时间短、载重量比较低。

第二节　无人机的定义与分类

一、无人机的定义

无人驾驶飞机简称"无人机"，指可以自主飞行或遥控驾驶，不载有操作人员的飞行器。这里需要注意的是，无人驾驶不等同于没有人去操作和控制，它只是在空中飞行的机体内没有人在操控，操作控制人员在地面利用无线电遥控设备和无人机自备的程序控制装置操纵飞机，或者由车载计算机完全地或间歇地自主地操作。

二、无人机的分类

近些年，国内外无人机的相关技术飞速发展，无人机系统种类繁多、用途广泛、特点鲜明，不同种类的无人机在尺寸、质量、航程、续航时间、飞行高度、飞行速度、工作任务等多方面都有较大差异。一般可按下列几种方法进行分类。

（一）按飞行平台的结构类型分类

可分为固定翼无人机、旋翼无人机、无人飞艇、伞翼无人机、扑翼无人机等。

（二）按用途分类

可分为军用无人机和民用无人机。

军用无人机又可分为侦察无人机、诱饵无人机、电子对抗无人机、通信中继无人机、无人战斗机以及靶机等。

民用无人机又可分为巡查（监视）无人机、农用无人机、气象无人机、勘探无人机以及测绘无人机等。

（三）按尺度分类（民航法规）

可分为微型无人机、轻型无人机、小型无人机和大型无人机。

微型无人机是指空机质量≤7 kg；

轻型无人机是指空机质量>7 kg，但≤116 kg 的无人机，且全马力平飞中，校正空速小于 100 km/h，升限小于 3 000 m；

小型无人机，是指空机质量≤5 700 kg的无人机，微型和轻型无人机除外；

大型无人机，是指空机质量>5 700 kg的无人机。

（四）按活动半径分类

无人机分为超近程无人机、近程无人机、短程无人机、中程无人机和远程无人机。

超近程无人机指其活动半径<15 km；

近程无人机指其活动半径在 15~50 km；

短程无人机活动半径在 50~200 km；

中程无人机活动半径在 200~800 km；

远程无人机活动半径>800 km。

（五）按任务高度分类

无人机分为超低空无人机、低空无人机、中空无人机、高空无人机和超高空无人机。

超低空无人机任务高度一般在 0~100 m；

低空无人机任务高度一般在 100~1 000 m；

中空无人机任务高度一般在 1 000~7 000 m；

高空无人机任务高度一般在 7 000~18 000 m；

超高空无人机任务高度一般>18 000 m。

三、多旋翼无人机

多旋翼无人机（图1-4），是一种具有3个及以上旋翼轴的特殊的无人驾驶直升机。其通过每个轴上的电动机转动，带动螺旋桨，从而产生上升推力。旋翼的总距固定，而不像一般直升机那样可变。

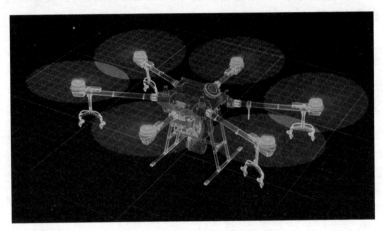

图1-4　多旋翼无人机工作效果

多旋翼无人机是通过调节多个电机转速来改变螺旋桨转速，通过改变不同旋翼之间的相对转速，可以改变单轴推进力的大小，实现升力的变化，从而控制飞行器的运行轨迹，实现垂直运行、俯仰运行、横滚运行和偏航运行，达到控制飞行姿态的目的。

多旋翼无人机具有操控性强、可垂直起降、可悬停等特点，主要适用于低空、低速、有垂直起降和悬停要求的作业任务类型。

多旋翼农用无人机是近几年发展起来的新型农业机械，具有操作简单、结构简单、价格相对较低的特点。

目前，国内农作物飞防作业多以多旋翼农用无人机为主，因此，本书将以多旋翼农用无人机作为示例进行讲解。

四、农用无人机

农用无人机（本书中主要指多旋翼农用无人机，以下同）是指为农业生产过程提供农作物病虫害防治、种子播撒、肥料播撒、饲料播撒、调节剂作业、授粉作业等服务的无人驾驶飞机，由飞行平台与喷洒系统组成，通过地面人员遥控或设定自主飞控模式来实现作业，可以完成农药喷雾、促进授粉、精量施肥、播种等作业（图1-5）。

图1-5　农用多旋翼无人机作业

根据《无人驾驶航空器飞行管理暂行条例（征求意见稿）》，设计性能同时满足飞行升高不超过30 m、最大飞行速度不超过50 km/h、最大飞行半径不超过2 000 m、最大起飞重量不超过150 kg，专门用于农业生产过程作业的遥控驾驶航空器，为农用无人机。

农用无人机是植保无人机大类中专门从事农业作业的无人机。按照《民用无人机驾驶员管理规定》（表1-1）分类，农用无人机属于第Ⅴ类。

表1-1　民用无人机的分类等级

分类等级	空机重量（kg）	起飞全重（kg）
Ⅰ	0<W≤0.25	
Ⅱ	0.25<W≤4	1.5<W≤7
Ⅲ	4<W≤15	7<W≤25
Ⅳ	15<W≤116	25<W≤150
Ⅴ	植保类无人机	
Ⅵ	无人飞艇	
Ⅶ	超视距运行的Ⅰ、Ⅱ类无人机	
Ⅺ	116<W≤5 700	150<W≤5 700
Ⅻ	W>5 700	

第三节　农用无人机的相关管理规定

一、农用无人机操作证件的管理

（一）农用无人机操作证件的取得

担任操作控制农用无人机系统并负责无人机系统安全运行的驾驶人员，应当持有《民用无人机驾驶员管理规定》分类中第Ⅴ类等级的驾驶员执照，或由符合资质要求的农用无人机生产企业自主负责的农用无人机操作人员培训，并通过考核取得操作人员执照（图1-6）。同时，农用无人机操作控制人员应年满16周岁，并且无影响无人机操作的身体缺陷（表1-2）。

dji 植保无人机系统操作手合格证

姓　　名 ████

性　　别 男　　　　出生日期 19████

证书编号 CNI440300████████

发证日期 2021.09.01 有效日期 2026.08.31

颁发机构 深圳市大疆创新科技有限公司

图1-6　农用无人机操作证件

表1-2　农用无人机相关管理要求政策汇总

类别	要求	备注
操作人员	持V类驾驶员执照，或持经农用无人机生产企业自主培训考核后，颁发的资质证明	操作人员应当年满16周岁；农用无人机生产企业应获得农业农村部认可，并颁发资质证明
农用无人机	必须做实名登记；必须在机身明显位置粘贴登记号和二维码信息	必须确保无人机每次运行期间均保持登记标志附着在机身上；登记号和二维码信息不得涂改、伪造或转让
营业性机构	使用农用无人机开展航空喷洒（撒）应当取得经营许可证，未取得经营许可证的，不得开展经营性飞行活动	申请人为法人；无人机已经做了实名认证；具有行业主管部门或经其授权机构认可的培训能力（仅培训机构）；投保无人驾驶航空器地面第三者责任险

类别	要求	备注
适飞区域	位于轻型无人机适飞空域内，升高不超过30 m且在农林牧区域的上方。农用无人机在适飞空域飞行，无须申请飞行计划，但需向综合监管平台实时报送动态信息	机场净空保护区内，国界线到我方一侧5 000 m上空，军事禁区以及周边1 000 m上空，铁路及高速沿线500 m范围内不可作业
区域性要求	例如《新疆维吾尔自治区民用无人驾驶航空器安全管理规定》	在遵守国家相关管理要求的同时，必须熟悉地方管理政策
临时性要求	一些特殊时段内的运行要求，请注意遵守	重大会议、庆祝活动、特殊地区等会有一些临时性规定

（二）无证操作的处罚

未按照规定取得民用无人机驾驶员合格证或者执照驾驶民用无人机的，由民用航空管理机构处以5 000元以上10万元以下罚款。超出合格证或者执照载明范围驾驶无人机的，由民用航空管理机构暂扣合格证或者执照6个月以上1年以下，并处以3万元以上20万元以下罚款。

二、无人机实名认证的管理

（一）无人机实名认证的方法和程序

根据中国民航局《民用无人驾驶航空器实名制登记管理规定》要求，250 g以上无人机必须在"无人机实名登记系统"进行登记，并且在机身明显位置粘贴机身二维码。民用无人机登记信息发生变化时，其所有人应当及时变更；发生遗失、被盗、报废时，应当及时申请注销。

个人民用无人机拥有者在"无人机实名登记系统"（https：//uas.caac.gov.cn/login）（图1-7）中登记的信息包括

拥有者姓名、有效证件号码（如身份证号、护照号等）、移动电话和电子邮箱、产品型号、产品序号、使用目的。单位民用无人机拥有者在"无人机实名登记系统"中登记的信息包括单位名称、统一社会信用代码或者组织机构代码等、移动电话和电子邮箱、产品型号、产品序号、使用目的。

图1-7 无人机实名登记系统

（二）无人机未实名认证的处罚

无人机未实名进行登记的，其行为将被视为违反法规的非法行为，监管主管部门将按照相关规定进行处罚。

未按照规定进行民用无人机实名注册登记从事飞行活动的，由军民航空管理部门责令停止飞行。民用航空管理机构对从事轻型、小型无人机飞行活动的单位或者个人处以2 000元以上2万元以下罚款，对从事中型、大型无人机飞行活动的单位或者个人处以5 000元以上10万元以下罚款。

三、无人驾驶航空器经营许可证的管理

根据《民用无人驾驶航空器经营性飞行活动管理办法（暂

行）》的规定，从 2018 年 6 月 1 日起，从事无人机相关经营活动的主体必须取得经营许可证，否则不得进行相关经营性活动。

中国民用航空局对无人驾驶航空器经营许可证实施统一监督管理。农用无人机相关生产企业、经销企业、飞防组织，都应按照要求进行许可证申请，才能合法开展无人机相关经营活动。

取得无人驾驶航空器经营许可证（图 1-8），应当具备下列基本条件。

第一，从事经营活动的主体应当为企业法人，法定代表人为中国籍公民；

第二，企业应至少拥有一架无人驾驶航空器，且以该企业名称在中国民用航空局"民用无人驾驶航空器实名登记信息系统"

图 1-8　民用无人驾驶航空器经营许可证式样

中完成实名登记;

第三,具有行业主管部门或经其授权机构认可的培训能力(此款仅适用从事培训类经营活动)。

四、农用无人机禁限飞区域的管理

根据各项管理规定,农用无人机不得飞行到以下区域。

一是军用机场净空保护区,民用机场障碍物限制面水平投影范围的上方;

二是有人驾驶航空器临时起降点及周边 2 000 m 范围的上方;

三是国界线到我方一侧 5 000 m 范围的上方,边境线到我方一侧 2 000 m 范围的上方;

四是军事禁区及周边 1 000 m 范围的上方,军事管理区、设区的市级(含)以上党政机关、核电站、监管场所以及周边 200 m 范围的上方;

五是射电天文台以及周边 5 000 m 范围的上方,卫星地面站(含测控、测距、接收、导航站)等需要电磁环境特殊保护的设施以及周边 2 000 m 范围的上方,气象雷达站以及周边 1 000 m 范围的上方;

六是生产、储存易燃易爆危险品的大型企业和储备可燃重要物资的大型仓库、基地以及周边 150 m 范围的上方,发电厂、变电站、加油站和中大型车站、码头、港口、大型活动现场及周边 100 m 范围的上方,高速铁路及两侧 200 m 范围的上方,普通铁路和国道及两侧 100 m 范围的上方;

七是军航低空、超低空飞行空域;

八是省级人民政府会同战区确定的管控空域。

第二章 农用多旋翼无人机的结构组成

经过几年的发展，多旋翼无人机已经成为农业生产的重要帮手，在农业生产过程中发挥了重要作用。目前，开展农业植保作业的无人机大多都是在使用多旋翼无人机。

与其他类型的无人机不同的是，农用多旋翼无人机不是由传统意义中的机体、机翼、尾翼、起落架等结构组成的，而是由飞行平台（机身）、遥控器、电池系统和任务设备（喷洒系统和播撒系统）等组成（图2-1）。

农用多旋翼无人机的飞行平台也就是指整个机身，是飞行器的基本框架，它搭载着无线操作系统、动力系统、飞行控制系统等控制设备及喷洒系统等任务设备。无线操作系统、动力系统、飞行控制系统这3个系统共同实现了无人机的各种功能运用。无线操作系统是地面设备对无人机进行远程通信和控制的重要保证；动力系统能够使无人机获得上升动力，是整个无人机的动力核心；飞行控制系统是整个无人机系统的核心，能够实现无人机的稳定悬停、飞行、控制喷洒作业等功能。

农用多旋翼无人机喷洒系统和播撒系统是任务设备，也是进行飞防作业具体实施设备。

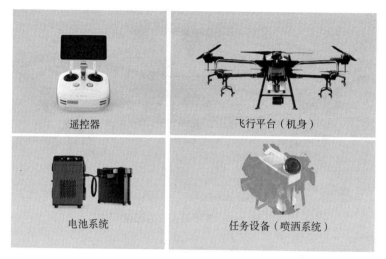

遥控器　　　　　　　　飞行平台（机身）

电池系统　　　　　　　任务设备（喷洒系统）

图 2-1　农用无人机的主要构成

第一节　农用多旋翼无人机机身的主要构成

一、脚架

脚架（图 2-2）是无人机的骨架，起到支撑作用。所有设备都附着安装在脚架上，与机臂等设备连接成为一个整体。

二、机臂

机臂（图 2-3）上搭载着电子调速器、电机、螺旋桨、喷洒装置等设备。通过电机驱动螺旋桨获得上升的动力，从而通过机臂，将整个无人机抬升起来。

图2-2 农用无人机的脚架

图2-3 农用无人机的机臂

三、螺旋桨

螺旋桨（图2-4）是最终产生升力的部分，由无刷电机进行驱动，而整个无人机最终是因为螺旋桨的旋转而获得升力并进行飞行。在多旋翼无人机中，螺旋桨与电机直接固定连接，螺旋桨的转速等同于电机的转速。

图2-4　农用无人机的螺旋桨

在大疆 T30 型无人机上，螺旋桨有两种型号：CW 型和 CCW 型。CW 型桨叶在工作时呈顺时针旋转，CCW 型桨叶在工作时呈逆时针旋转（图2-5）。因此，CCW 和 CW 螺旋桨不可替换使用。

图2-5　农用无人机螺旋桨的区别

旋转属性：分别有顺时针旋转（CW）和逆时针旋转（CCW）两种

四、电机

电机的主要功能是带动螺旋桨旋转。无刷电机必须在无刷电子调速器（控制器）的控制下进行工作，它是能量转换的设备，将电能转换为机械能并最终获得升力。

在大疆 T30 无人机上，1 号电机、3 号电机和 6 号电机转向一致，配 CCW 型桨叶，进行逆时针旋转；2 号电机、4 号电机和 5 号电机转向一致，配 CW 型桨叶，进行顺时针旋转。

其中 1 号和 4 号电机无安装角度，而 2、3、5、6 号电机都具有安装角度，且电机安装角度无法调整，在安装电机时直接形成角度。

五、电子调速器

电子调速器有电流控制的作用。无人机内部电路接收来自接收机的信号，电子调速器根据信号，把电流作出合适的"控制"，然后把"控制"后的电流输出到电机，驱动电机并控制电机的运转，完成各种工作指令。

电机和电子调速器（图 2-6）可以替换使用，但是因为 CCW 电机和 CW 电机的旋转方向不同，所以在接线时有顺序要求，CCW 型为红-黑-蓝，CW 型为红-蓝-黑。

图 2-6　农用无人机螺旋桨的电机和电调

六、天线

天线（图2-7）的主要功能是接收地面操作人员的指令，接收卫星定位信号等。

图2-7　农用无人机的天线

在农用无人机上接收的卫星定位信号有两种方式，一种是GNSS卫星导航系统，另一种是RTK定位技术。

（一）GNSS卫星导航系统

GNSS一般泛指所有的卫星导航系统，包括全球的、区域的和增强的，如美国的GPS、俄罗斯的格洛纳斯、欧洲的伽利略、中国的北斗卫星导航系统。

GNSS技术是通过测量出已知的各位置的卫星到用户接收机之间的距离，然后综合四颗及以上卫星的数据进行运算，就可知道接收机的具体位置（图2-8）。

GNSS技术的优势是观测时间短，可提供三维坐标，操作简便，可全天候工作，功能多、成本低。但是GNSS因为各种原

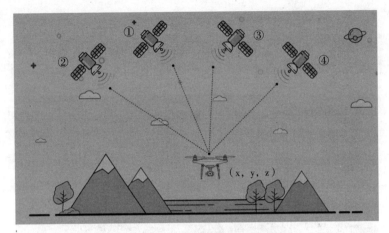

图2-8　GNSS定位工作示意

因，也会产生定位误差，例如，卫星上的星载时钟和接收机上的时钟不可能总是同步，这就会造成时间上的偏差；信号在传播过程中受到大气层和各种障碍物的反射，导致信号传播路径变长，造成测量误差等。这些原因造成的定位误差可达到10 m以上，这就无法满足有些对定位精度要求高的行业了。

（二）RTK定位技术

为了满足那些对定位精度要求比较高的行业需求，人们根据GNSS定位技术的特点，研究出了RTK定位技术。

RTK（Real-time kinematic），即载波相位差分技术。这是一种新的常用的卫星定位测量技术，它采用了载波相位动态实时差分方法，能够在野外实时得到厘米级定位精度的测量技术。常规的卫星定位测量方法，如静态、快速静态、动态测量都需要事后进行解算才能获得厘米级的精度。RTK技术的运用，极大地提高了农用无人机的作业效率。

RTK定位技术是通过一台基准站和一台流动站同时接收卫

星观测数据，基准站把接收到的数据实时发送至流动站，流动站综合自身接收到的数据和基准站发送的数据完成差分计算，精确的计算出基准站与流动站的空间相对位置关系，从而计算出流动站的精确位置，定位精度可以达到厘米级（图2-9）。

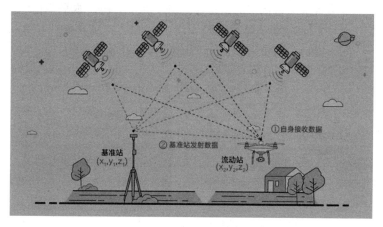

图2-9　RTK定位工作示意

七、雷达

雷达（图2-10）的主要功用，一是发现和避开障碍物，二是定高。

图2-10　雷达与雷达波

雷达通过不断发射雷达波，来分析判断地形地貌，从而能够发现对应方向上的障碍物，飞行控制系统按照雷达反馈的信息，完成避障动作。同时，飞行控制系统也通过雷达波获取数据，让无人机在作业时实现与农作物的高度保持恒定，达到稳定飞行高度的目的。

雷达有水平雷达与向上雷达之分（图2-11）。水平雷达的优点有水平方向避障、自动绕障、高度侦测、定高功能、仿地飞行。向上雷达主要负责侦测上部障碍物，可单独关闭（仅T30/10配置）（图2-12）。

水平雷达　　　　　　　　　　　　向上雷达

图2-11　水平雷达与向上雷达

图2-12　T30 结构组成

八、气压计

气压计也能够探测飞行器高度。在运行时，气压计首先检测起飞点的气压，飞行当中时刻探测实际气压，通过气压差确定相对飞行高度。在雷达开启时，农用无人机以雷达获取数据进行定高；而在关闭雷达时，将采取气压计定高。雷达定高相对于气压计定高更准确，且雷达定高能够随着地形的变化而改变飞行器高度，是优先采取的定高方式。

九、喷洒装置和撒播装置

喷洒装置主要是用于农药的喷洒作业。

播撒装置主要用于种子播撒、肥料播撒、饲料播撒等。

第二节　农用多旋翼无人机的系统配置

一、农用多旋翼无人机无线操作系统

农用多旋翼无人机无线操作主要由遥控器来完成。

农用多旋翼无人机遥控器主要用于系统传输控制和载荷通信的无线电连接，是无人机与地面操纵人员之间沟通的桥梁。无线信号的接收，主要有地面操控端与天空端。地面操控端需要将控制信号及任务指令发给无人机（天空端），无人机则需将飞行状态及任务设备的状态发送到地面操控端。

遥控器的信号发射是以天线为中心进行全向发射，在使用时一定要展开天线，保持正确的角度，以获得良好的控制距离和效果。切勿将天线方向垂直指向无人机，因为此时的遥控信号接收较差。天线与农用无人机必须保持合理角度（图2-13）。应注意两点：一是天线必须展开，天线如不展开，将会降低传输效果以

及传输距离。二是天线必须不能指向无人机，天线顶端与底端的信号最差。

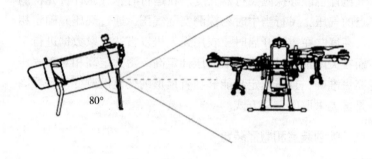

80°

图 2-13　遥控器天线的正确展开

遥控器按键由固定功能按键（图 2-14）、自定义功能按键、操作摇杆等构成，其中自定义功能按键可根据自身操作习惯设置快捷开关。

遥控器的左右两侧各有一个摇杆，摇杆处在整个行程的中立位，可以向前后左右进行拨动，4 个方向分别对应油门、偏航、俯仰、横滚。

电源键：短按显示遥控器电量；短按+长按为开机/关机切换。

喷洒键：手动开始/停止喷洒，长按 2 s，一键排空气功能。

流量调节波轮：短按，手动调节喷洒流量。

返航按键：一键返航功能按键，长按 2 s 生效。

USB-A 接口：连接 RTK 高精度定位模块。

天线：不用时折叠，使用时展开。

目前主要有两种操作方式比较常用，即日本手模式和美国手模式。在日本手模式下，左边摇杆控制的是偏航与俯仰，右边摇杆控制的是横滚与油门；在美国手模式下，左边摇杆控制的是偏

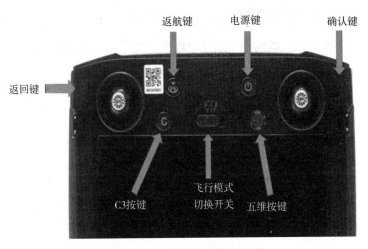

图 2-14　遥控器固定功能按键

航与油门，右边摇杆控制的是横滚与俯仰。

　　两种模式的操作方法有很大的区别（图 2-15），操作人员可以根据自己的使用习惯来选择。

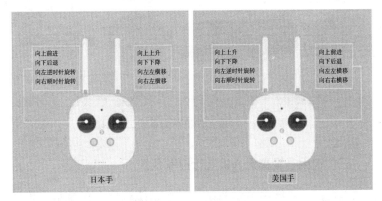

图 2-15　日本手与美国手

二、农用多旋翼无人机飞行动力系统

多旋翼无人机的动力系统由电机、电子调速器、螺旋桨、电池、充电器共同构成，为整个飞行器提供飞行的动力。

电池是整个系统的电力储备部分，负责为整个系统进行供电，而充电器是地面设备，负责为电池进行充电。

电子调速器由电池进行供电，将直流电转换为无刷电机需要的三相交流电，并且对电机进行调速控制，调速的信号来源于主控。

螺旋桨是最终产生升力的部分，由无刷电机进行驱动，而整个无人机最终是由螺旋桨的旋转而获得升力并进行飞行（图2-16）。

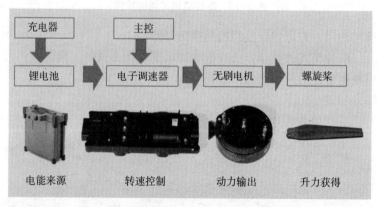

图2-16 农用无人机动力系统工作示意

三、农用多旋翼无人机飞行控制系统

飞行控制系统由显示系统、操作系统构成。在显示系统里，通信设备将飞行器的高度、速度、电量、姿态、位置等各种丰富的信息传达到地面，地面操作人员就可以根据显示系统提供的信息对飞行器进行操纵。而在操作系统里，操作控制人员能够通过操作遥控器将控制意图传达到多旋翼无人机，实施相应的飞行及操作。

飞行控制系统一般主要由主控单元、IMU（惯性测量单元）、GNSS（全球定位系统）、磁罗盘模块构成。IMU是角速度以及加速度传感器，对无人机的运动姿态进行侦测并反馈给主控（遥控器）。磁罗盘（指南针）是无人机方向传感器，对无人机的方向位置进行侦测并反馈给主控。主控正是在获得角速度、加速度、方向等姿态信息后，才能够对数据进行分析并最终保持无人机的平衡。而GNSS是全球定位系统，能够确定无人机所处的经纬度，最终保障无人机能够实现定点悬停以及自动航线飞行。飞行控制系统通过高效的控制算法内核，能够精准地感应并计算出无人机的飞行姿态等数据，再通过主控制单元实现精准定位悬停和自主平稳飞行（图2-17）。

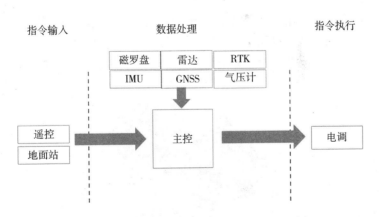

图2-17　农用无人机飞行控制系统工作示意

四、农用多旋翼无人机的喷洒系统

农用多旋翼无人机的喷洒系统主要由水泵、水箱、滤网、液位计与流量计、喷嘴、软管等组成。

农用多旋翼无人机的喷洒系统，目前液力雾化是最为常见的方式，其原理是药液在水泵的推动下，通过一个小开口或孔口，使其具有足够速度能量而扩散。雾化过程中，雾滴的平均直径随压力的增加而减少，随喷头喷孔尺寸的增大而增大。水泵分为柱塞泵和隔膜泵，T30 为柱塞泵，其他机型为隔膜泵，是药液雾化的压力来源。滤网分为药箱口滤网和底部滤网，药箱口滤网为50 目，底部滤网为 100 目。液位计分为连续液位计和单点液位计，除 T30 外，其他机型都为单点液位计，无法实时查看药液量。喷嘴标配为扇形喷嘴，所有机型都标配为不锈钢压力喷嘴，电磁阀负责开关喷嘴。

（一）水泵

水泵的功用是将药液由药箱抽送到喷头并产生一定压力，大疆系列植保无人机除 T30 采用柱塞泵（图 2-18）外，其他机型均采用隔膜泵。柱塞泵流量大，但不能长时间空转，否则易导致

图 2-18　柱塞泵

水泵高温。

（二）水箱

水箱的作用是储存药液。

（三）滤网

滤网的主要作用是将进入水泵和喷头的药液进行过滤，以避免杂物堵塞喷头（图2-19）。

图2-19 滤网

（四）液位计与流量计

液位计是确认药箱内药液量的信号来源，流量计的作用是控制实际药液的流量，有助于使作业用药量更精准。液位计和流量计对于喷洒准确性极为重要（图2-20，图2-21）。

图2-20 T20 四通道流计　　　图2-21 液位计

（五）喷头

喷头由喷嘴、泄压阀构成，药液通过水泵产生的压力通过喷

农用无人机操作与植保技术

嘴并产生雾化，最终实现喷洒。泄压阀可以协助排出水管里的空气，以便喷洒系统正常工作。

喷嘴是农药喷雾中最重要的部件，但是喷嘴是当今最容易被忽视的部件，因此了解喷嘴的基本常识对使用和选择喷嘴相当重要（表2-1，图2-22）。

表2-1　目前常见的几种喷嘴型号

指标	SX11001VS	SX110015VS	XR11002VS
最大流量（L/min）	0.45	0.6	0.9
雾滴粒径（μm）	150~180	190~220	210~240
综合特点	雾滴最细，覆盖好，易飘移	性能居中	雾滴较粗，覆盖较少，飘移相对较少

注：更换喷嘴型号，需要校准流量，并设置正确的喷嘴型号。

图2-22　喷嘴

目前，农用无人机喷洒系统的喷头采用的主要是压力式喷头。压力式喷头优点主要在于系统简单、寿命较长、使用成本低、性能稳定。但其性能缺点是液滴大小不均匀，如果药液存在不可溶物可能会堵塞喷头，所以只适合喷洒水基化药剂。

（六）软管

药液通过水泵加压，通过软管，将药液输送到喷头，完成喷洒作业。

五、农用多旋翼无人机的播撒系统

农用多旋翼无人机搭配播撒系统可以实现种子、化肥等颗粒播撒，常见的包括水稻种子、肥料播撒等。播撒系统的应用，大大丰富了农用多旋翼无人机的应用场景，在水稻等水田作物使用率较高。

播撒系统总体由作业箱、播撒机两部分构成，作业箱用以装载物料，而播撒机则由播撒盘、传感器、无料检测、仓口控制机构等构成（图2-23）。

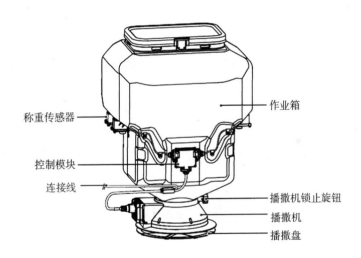

称重传感器

控制模块

连接线

作业箱

播撒机锁止旋钮

播撒机

播撒盘

图2-23 播撒系统总构成

第三章　农用多旋翼无人机的飞行前准备

农用多旋翼无人机飞行前准备，是指农用多旋翼无人机操作控制人员在进行飞行作业前，应该对影响安全飞行的天气状况、周围环境、无人机飞行作业时为避免操作控制人员受到农药和无人机等的伤害，以及无人机起飞、降落过程中所需要注意的、可能会发生的安全问题进行预判，并对预判做好充分的处置突发情况的准备工作。

开展农用多旋翼无人机飞行前准备的目的，是为了在无人机作业的过程中，减少错误的出现，防止安全事故的发生。

农用多旋翼无人机飞行前准备，主要有气象条件准备、操作人员准备、作业环境准备、无人机准备等内容。

第一节　作业气象条件准备及作业环境准备

一、气象条件准备

气象条件是指发生在天空中的风、云、雨、雪、霜、露、闪电、打雷等一切大气的物理现象引起的水热条件。包括气压、气温、湿度、风速、风向、日照等多种条件。

不适宜的气象条件，不仅会使无人机作业时的危险系数增大，还会直接的影响作业效果。所以，为了保证安全作业和达到最佳的防治作业效果，应该选择在合理的气象条件下开展作业。

（一）无降水，晴天为宜

无人机不适合在雨、雪、冰雹、雾等天气情况下作业。在这些天气状况下：一是空气湿度大，水汽一旦进入无人机内部，就会影响到内部精密的电子元器件的动作，并对其造成损害；二是能见度差，能见度差，会直接影响到操作人员对无人机动向的观察，从而无法正确判断无人机的位置，极易发生安全生产事故；三是有明显的降水时，无人机喷洒的农药会随降水流走，起不了防治作用，达不到防治效果。

（二）气温在 5~35℃ 为宜

高温或低温都会影响无人机的一些元器件的功能，导致飞行效率降低，影响飞行安全。

高温天气，一是会使电机内部过热，在一些极端情况下，可能会烧毁一些元器件或融化线缆。二是会使无人机喷洒的雾滴快速蒸发，影响作业效果。因为无人机喷洒出来的雾滴非常细微，当气温较高时，雾滴在降落的过程中就会气化，无法把农药的有效成分带到农作物上，达不到应有的防治效果。

严寒天气，电池的效率会明显下降，影响续航时间。

因此在开展无人机作业时，应该避免在高温时段与严寒时段作业。

（三）湿度在 40% 以上为宜

湿度过低与温度过高的危害一样，雾滴在降落的过程中就会气化，无法把农药的有效成分带到农作物上，达不到应有的防治效果。

（四）风速在 3 级以内为宜

风速对无人机喷洒作业最大的影响是会产生雾滴飘移。雾滴飘移是指在喷洒农药的过程中，农药雾滴受气流的作用从目标区域飘移到非目标区域的一种现象。

雾滴发生飘移不仅浪费农药，降低农药利用率，影响防治效果，还会对邻近的农作物造成药害，对土壤、空气和水造成污染。

同时，风速也会加速雾滴的蒸发。

二、作业环境准备

一是察看四周是否有树木、电线杆、高压线、斜拉索等障碍物（图3-1），并进行相应的规避处理。

图3-1　电线等障碍物

二是注意观察四周特别是下风向是否存在对当前所使用药剂敏感的农作物、养殖物，避免雾滴飘移产生药害或者毒害。

三是注意观察四周特别是下风向是否存在有水源地、鱼塘、河流、水库，避免对水源产生污染。

四是起降点应选择空旷、人员比较少的区域，禁止在公路、广场等人员众多区域进行起降。防止无人机与人员、车辆等发生碰撞。

第二节　操作人员的准备

一、操作人员的自身防护准备

农用多旋翼无人机飞防作业因为与作业区域完全隔离，所以操作人员比较安全，但是必备的安全措施依然不可少。

无人机操作人员应穿戴遮阳帽、口罩、护目眼镜、防护服，地勤在此基础之上还应戴上合适材质手套，以避免手部沾染农药。

禁止穿短裤及拖鞋进行作业，避免因皮肤裸露受到蚊虫叮咬而造成的损伤，在南方水田作业还应穿防水鞋（图3-2）。

图3-2　穿戴规范的农用无人机操作人员

二、操作人员的身体条件准备

第一，不得在酒后8 h内操作农用多旋翼无人机。

第二，哺乳期妇女、孕妇、手部皮肤损伤者禁止操作农用多旋翼无人机。

第三，患有影响安全操作的疾病或者身体残疾者禁止操作农用多旋翼无人机。

第三节　农用多旋翼无人机准备

一、农用多旋翼无人机展开与准备

飞行前检查做得越仔细，无人机发生飞行安全问题的概率也就越低。

第一，无人机展开后一定要拧紧套筒或卡紧卡扣（图3-3），建议由单人完成，避免遗漏，确认机臂与螺旋桨都已展开。

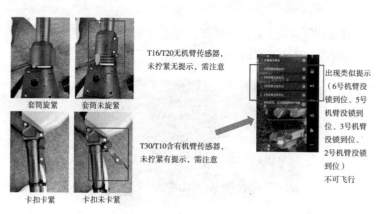

图3-3　套筒或卡扣的正确操作

第二，电池应准确完整插入，听到明显的"哒"一声。同时，电池应在完整插入后，才能开机。

第三，卫星信号等信号良好，状态栏为绿色，而不是黄色或者红色。

第四，仔细检查农用多旋翼无人机的分电板和电池插口，确认无腐蚀情况，防止出现接触不良情况（图3-4）。

电池电量充足   电池插口无腐蚀   分电板正常   不正常分电板

快充完成时，电量95%~98%，   状态良好   无锈蚀、无严重氧化

可直接作业

图3-4 电池检查

二、遥控器检查

第一，遥控器电量应充足，避免在一颗灯闪烁的情况下作业。起飞前确认遥控与电池电量充足，避免遥控器电量过低造成无人机的失控。

第二，天线应展开，并且正确朝向飞行器（图3-5）。

遥控器天线顶部和底部信号最差，避免天线指向飞行器

图3-5 天线展开并正确朝向飞行器

第三，确认摇杆模式是操作人员平常所使用的模式。

三、执行界面检查

第一，通电完成后，执行界面应显示搜星 8 颗以上，手动作业背景由红色转为绿色。

第二，如已开启 RTK，应呈现为手动作业（RTK）。

第三，长按喷洒键 2 s，排出空气。

第四章　农用多旋翼无人机操作技术

近几年，随着各项人工智能技术在农用多旋翼无人机操作控制系统上的应用，农用多旋翼无人机的操作越来越简单化、智能化，但要想更好、更快、更节省地完成农用多旋翼无人机的作业任务，还需要操作人员经过一番练习才能达到熟练操作控制的目的。

本章以大疆 T30 农用多旋翼无人机套装为例，介绍农用多旋翼无人机操作控制技术。操作农用多旋翼无人机的训练，可以分为以下 3 个阶段进行。

第一阶段：这一阶段是无人机操作控制的基础训练阶段。通过这一阶段训练，使操作人员掌握农用多旋翼无人机配套设备的使用、能对相关模块进行校准、能操作无人机做基本飞行动作。

第二阶段：通过这一阶段训练，要使操作人员能够熟练操作控制无人机的飞行、掌握操作控制飞行技巧，为农用多旋翼无人机喷洒作业做准备。

第三阶段：经过这一阶段训练，最终使操作人员能够独立完成喷洒作业。

这 3 个阶段是一个循序渐进的过程，在这个训练过程中，可以使操作人员对无人机的了解逐步加深、对无人机的操作控制逐步熟练、对作业技术逐步成熟，直至达到能完全自主操作控制农用多旋翼无人机进行安全作业的目的。

目前的农用多旋翼无人机都是以套装形式进行销售，所以在购买新机之后需要对农用多旋翼无人机、充电管家（标准套装）、充电站（全能套装）、RTK 高精度定位模块、网络 RTK 套餐等进行激活，以使农用多旋翼无人机能够正常使用。

第一节　农用多旋翼无人机套装的正确打开

一、激活

激活是无人机生产厂商采用的一种防盗版技术，就是按照一定的方法和程序把软件匹配正确，成为正式用户，才可以正常使用软件。如果不激活就不可以使用或者有功能限制、时间限制等。

目前的无人机套装内，充电器、电池、遥控器、无人机都需要分别进行激活才能使用。

二、校准

校准是在规定条件下进行的一个确定的过程，用来确定已知输入值和输出值之间的关系的一个预定义过程的执行。一般情况下，对无人机校准的目的是改变控制参数，以实现准确控制。

无人机的雷达、指南针等需要的各种参数，在很多情况下，如经纬度的改变、区域性磁场的不同等因素的影响下，这些参数都不准确，为了获得当前作业区域的准确参数，需要对获取的测量数据进行校准，减少量值误差，确保量值准确。遥控器、指南针、IMU、流量计、雷达等都需要要经过校准才能正常使用。

农用多旋翼无人机有两种情况需要进行全面校准：一是新机启用时；二是长距离转场作业时。因为不同地方的磁场不同，同时在运输过程中会有各种干扰磁场的因素，因此需要校准，防止危险发生。常见的校准操作如下。

（一）遥控器的校准

当遥控器开机时出现持续鸣叫报警，则应进行遥控器校准。

（二）雷达校准

当遇到遥控器 App 端提示"雷达探测角度异常"，以及雷达频繁误触发避障，需要进行雷达校准。

（三）IMU 多面体校准

在无人机提示需要校准 IMU 或者飞行器飞行姿态不佳时须进行校准。

（四）指南针（磁罗盘）校准

在长距离迁徙、长时间闲置、出现磁罗盘异常时都需要校准；或者是磁罗盘校准提示时需要校准。

（五）水泵校准

当更换了水泵、喷嘴型号（例如由 XR11001VS 更换至 SX110015VS）时需要校准水泵。需要注意的是，更换了喷嘴型号，应在喷洒系统中设置相应的型号。

（六）流量计校准

喷洒出现误差过大即超过 15% 时，以及更换水泵、喷洒板、喷嘴后需进行流量计校准。校准时需要先加入清水并开启喷洒，确保管道内无空气再按提示进行校准。

（七）液位计校准

液位计校准可以保障剩余药量的精准，避免剩余药量过多或过少。

（八）播撒机校准

1. 去皮校准

播撒机带有重量传感器，所以在作业之前一定要去皮校准，使播撒系统重量清零。

2. 流量校准

不同的物料下料速度不同，所以每一种不同的物料都需要新建物料模板并做流量校准，这样相同的物料下次作业时直接调取模板即可开始作业。

三、电池及充电管家的使用

目前有两种类型的充电设备，充电管家（也称为充电器）和燃油充电站（图4-1）。需配合市电或者传统发电机使用。以T30充电器为例，7 200 W，家庭充电只可使用一个插头，电源线金属线芯的截面大小至少为6 mm^2。燃油充电站将传统发电机与充电管家进行了结合，可以直接为电池充电。燃油充电站直接输出直流，从而省略了充电器，作业充电更方便。充电站输出的是直流58.8 V。

T30充电器   燃油充电站

图4-1 充电管家（充电器）和燃油充电站

第二节 第一阶段操作控制训练

在完成对无人机各种设备的激活、校准和充电系统的正确使用之后，我们就可以正式开始学习操作控制农用多旋翼无人机了。

一、遥控器的持用方法

在手持遥控器时，应该用双手掌心以下，配合中指、无名指、小指托住遥控器，大拇指指肚位置压在遥杆上，食指配合拇指稳定住遥杆。很多初学者使用单指操作打杆，单指操作的时候，容易出现弹杆，这会导致无人机飞行不稳定。建议初学者在练习的时候就使用双指操作打杆（图4-2）。

单指操作打杆

双指操作打杆

图4-2 遥控器的持用手法

本章我们将以美国手模式作为操作训练手法进行讲解。

（一）左边摇杆控制无人机的上升、下降和左右转向

向前推动摇杆时可使无人机上升，向后拉回摇杆时可使无人机下降（类似于汽车驾驶时加减油门的过程）；向左推动摇杆可使无人机机头往左侧转向，向右推动摇杆可使无人机机头往右侧转向（类似于汽车驾驶时左右转向的过程）。

（二）右边摇杆控制无人机的前进、后退和左右平移

向前推动摇杆时可使无人机前进，向后拉回摇杆时可使无人机后退；向左推动摇杆可使无人机向左侧平移，向右推动摇杆可使无人机向右侧平移（图4-3）。

需要特别注意的是，要保持操作人员面向机尾。在任何情况下，都应该保持操作人员面向机尾，也就是对尾飞行。因为在摇

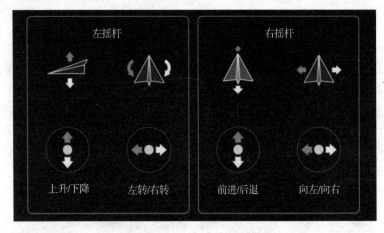

图4-3　美国手摇杆方位示意

杆模式下，操作人员在操作摇杆控制无人机做左右或前后运动，都是以无人机的机头指向正前方为基准方向。如果无人机的机头指向不在正前方，操作人员对无人机发出的左右或前后运动的指令，无人机会以其本身机头的指向为正前方，做出相应的飞行运动。例如，机头指向操作人员时，当操作人员发出向右飞行的指令，无人机会以机头的指向为前方，然后向它的右方飞行，这种情况下，相对于操作人员来说，无人机是在向左飞行，也就是说，无人机的飞行动作与操作人员发出的指令方向是相反的。所以，严格执行对尾飞行，这是保证飞行安全的有效方式。为确保安全，进行无人机飞行训练时，应选择在空旷、无人的场地进行。同时，严禁接触正在飞行中的无人机。

二、正确打开农用多旋翼无人机

按程序打开农用多旋翼无人机；正确安装无人机机载电池，检查电池电量，确保电量充足；打开遥控器并检查电池电量，确保电量充足，正确展开遥控器天线；确认打杆模式为美国手模式；启动农用多旋翼无人机时，应保证无人机与人员及障碍物的距离不少于 6 m。

三、基础飞行训练

农用多旋翼无人机在实际作业中，有 4 种运动姿态：垂直运动、俯仰运动、横滚运动、偏航运动。

在基础飞行训练时，以分别对左右手的控制进行训练为主要目的。

（一）垂直运动训练

垂直运动：具体表现为无人机的上升、悬停和下降 3 个飞行状态。垂直运动训练的重点是起飞和降落。

起飞与降落是农用多旋翼无人机飞行过程中首要的操作，虽然操作简单但也不能忽视其重要性。

起飞时：接通电源后，远离无人机，解锁飞控，启动电机和螺旋桨，缓慢推动摇杆等待无人机起飞，这就是起飞的操作步骤。螺旋桨起桨后，推动摇杆一定要缓慢，即使已经推动一点距离，无人机还没有起飞也要慢慢来。这样可以防止由于加速过快而无法控制飞行器。

降落时：同样需要注意操作顺序，拉动摇杆，使无人机缓慢地接近地面；离地面约 0.5 m 处稍稍推动摇杆，降低下降速度；然后再次拉动摇杆直至无人机触地，无人机触地后不得再推动摇杆；拉动摇杆到最低位置，锁定飞控。相对于起飞来说，降落是一个更为复杂的过程，需要反复练习。

在起飞和降落的操作中还需要注意保证无人机的稳定，无人机的摆动幅度不可过大，否则降落和起飞时，有打坏螺旋桨的可能。

1. 升降训练

简单的升降训练不仅可以锻炼对摇杆的控制，还可以让初学者学会稳定无人机的飞行。这个训练主要的操作就是摇杆的推与拉。

（1）上升过程训练

上升过程是推动摇杆使无人机螺旋桨转速增加，无人机上升的过程。练习上升操作时，假定无人机已经起飞，然后缓缓推动摇杆，此时无人机会慢慢上升。推动摇杆的过程，就是向电机发出加速旋转指令的过程，摇杆推动越多（不要把摇杆推动到最底或接近到底），上升速度越快。

（2）下降过程训练

下降过程与上升过程正好相反。下降时，螺旋桨会降低转速，无人机因为缺乏升力开始降低高度。在开始练习下降操作前，确保无人机已经达到了足够的高度，在无人机已经稳定悬停时，开始缓慢的回拉摇杆。回拉摇杆的过程，就是向电机发出减速旋转指令的过程，摇杆回拉越多（不要把摇杆拉到最低或接近最低），下降速度越快。

在下降过程中，严禁一次性回拉摇杆到最低位置，以防发生无人机失控坠机的危险。

2. 训练方法

在进行垂直运动训练时，可在距离操作人员 6 m 处，划线出 1.2 m 的正方形方框，作为无人机的起降点（返航点）H。

首先，启动无人机，缓缓推动摇杆，使螺旋桨加速旋转，无人机上升到预定高度，如 2 m，停止推动摇杆，使摇杆处于中立位置，无人机处于悬停状态；重复动作，使无人机上升至 4 m，悬停；其次，缓缓拉回摇杆，使螺旋桨减速旋转，无人机下降到预定高度，如 1.5 m 处，停止拉回摇杆，使摇杆处于中立位置，无人机处于悬停状态；重复动作，使无人机下降至地面 0.5 m，悬停；最后，降落在起降点（返航点）H 内。

注意：在此过程中，要保持无人机的机尾始终对着操作人员。

3. 训练目标和要求

左手能平稳操作摇杆，达到熟练的目的；平稳上升或下降到预定高度，悬停时高度误差不超过 0.5 m 为合格；降落时不出现跌落、单边降、滑降等状况，脚架在起降点（返航点）H 边框内为合格；降落后机尾朝向正确为合格。

（二）俯仰运动训练

俯仰运动：具体表现为无人机飞行的两个状态，即俯冲前进和上仰后退。

在进行俯仰运动训练时，可在起降点（返航点）的前方20 m 左右设置一个标定点 A，使操作人员位置、起降点（返航点）H 和标定点 A 呈一条直线，操作人员操作控制无人机沿直线前进飞行至标定点 A 上方，悬停；后退飞行至起降点（返航点）H，悬停（图4-4）。

需要注意的是，在设立标定点时，应选择比较醒目、容易被观察到的物体（如红色的锥形筒）（图4-5）作为参照物，这样更方便进行各种训练。

1. 训练方法

（1）俯冲前进飞行

无人机以前进姿态平稳飞行到标定点 A 上空刹车，悬停。先缓慢推动摇杆，在无人机开始前进时停止推动摇杆，这时飞行器会继续前进。当前进一段距离后，缓慢拉回摇杆直到摇杆恢复到中间位置时停止拉动，这时飞行器就会停止前进，俯冲前进练习完成。

俯冲前进操作时，无人机的机头会略微下降，机尾会抬起。这时螺旋桨的转速是：机头两个螺旋桨转速下降，机尾螺旋桨转速提高。前后螺旋桨的提供的不同的力就会与水平面有一定的夹角，这样一来，就给飞机提供抵消重力的升力，并且提供了前行

农用无人机操作与植保技术

图 4-4　俯仰运动训练示意

图 4-5　锥形筒

的力。这时升力也会减小，所以飞行器会降低，可以适当推动油门以保持无人机的高度。

（2）上仰后退飞行

无人机后退姿态平稳飞行到起降点（返航点）H 上空刹车，悬停。上仰后退练习与俯冲前进操作类似，只不过需要将摇杆从中间位置向后拉动。在拉动过程中。无人机尾部两个螺旋桨会缓减转速，机头两个螺旋桨会加快转速。然后会出现与俯冲操作相类似的现象，只不过无人机会向后退行。

缓慢拉下摇杆，使飞行器开始退行时停止拉动摇杆，这时飞行器会继续退行。倒退行一段距离后，缓慢推动摇杆直到摇杆恢复到中间位置时停止推动，这时飞行器就会停止退行，上仰后退练习完成。

注意：无人机的机尾始终对着操作人员。

2. 训练目标和要求

右手能前后平稳操作摇杆，达到熟练的目的；无人机在起降点（返航点）H 与标定点 A 的连接直线上飞行，左右偏离航线不超过 1.5 m 为合格，偏离在 0.5 m 内为优秀；无人机飞行到标定点 A 准确刹车，悬停时，与标定点 A 偏差不超过 1.5 m 为合格，偏离在 0.5 m 内为优秀；在飞行中，飞行高度偏差不超过 1 m 为合格，偏离在 0.5 m 内为优秀；飞行中及降落后机尾朝向正确为合格。

（三）横滚运动训练

横滚运动：具体表现为无人机的两个飞行状态，即向左平移和向右平移。

在进行横滚运动训练时，在俯仰运动训练的标定点 A 左方或右方 10 m 处设置第 2 个标定点 B。操作人员操作控制无人机飞行至第 1 个标定点 A 悬停，然后平移至标定点 B 悬停，从标定点 B 平移至标定点 A 悬停（图 4-6）。

1. 训练方法

第一，根据标定点的位置，目测左右平移无人机时无人机所

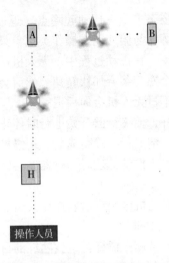

图 4-6　横滚运动训练示意

处的正确位置。

第二，根据目测到无人机的位置，到标定点 A 和标定点 B 准确刹车。

注意：无人机的机尾始终对着操作人员。

2. 训练目标和要求

右手能左右平稳操作摇杆达到熟练的目的；左右平移无人机时与直线偏差在 1.5 m 以内为合格，偏离在 0.5 m 内为优秀；到标定点 A 和标定点 B 准确刹车，悬停位置偏差不超过 1.5 m 为合格，偏离在 0.5 m 内为优秀；在飞行中，飞行高度偏差不超过 1 m 为合格，偏离在 0.5 m 内为优秀；飞行中及降落后机尾朝向正确为合格。

（四）偏航运动训练

偏航运动训练，用于学习无人机改变航线的练习，在飞行过程中改变航向也是一个非常常用的基本操作。

偏航运动：具体表现为无人机的转向运动。

在进行偏航运动训练时，继续使用横滚运动训练时的两个标定点 A 和 B。

第一步：将无人机飞行至标定点 A，悬停，调整无人机机头朝向，使无人机机头朝向标定点 B，操作控制无人机飞行至标定点 B，悬停。

第二步：调整无人机机头朝向，使无人机机头朝向标定点 A，操作控制无人机飞行至标定点 A，悬停（图4-7）。

重复以上操作，达到熟练的目的。

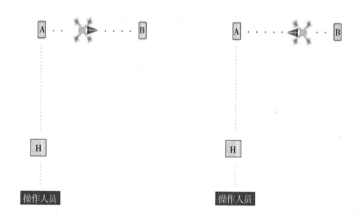

图4-7 偏航运动训练示意

1. 训练方法

第一，调整无人机机头朝向，准确找到标定点 A 和 B，使标定点 A 和 B 处于无人机的正前方。

第二，到标定点 A 和标定点 B 准确刹车。

第三，在标定点 A 和标定点 B 之间直线飞行。

2. 训练目标和要求

左右手能配合操作摇杆，平稳控制无人机的飞行姿态；无人机直线飞行时偏差在 1.5 m 以内为合格，偏离在 0.5 m 内为优秀；到标定点 A 和标定点 B 准确刹车，悬停位置偏差不超过 1.5 m 为合格，偏离在 0.5 m 内为优秀；在飞行中，飞行高度偏差不超过 1 m 为合格，偏离在 0.5 m 内为优秀；降落后机尾朝向正确为合格。

通过以上项目的训练，操控人员可以操作无人机实现起飞、降落、前进、后退、左右平移等动作，也就是完成了起飞的过程，这些基本操作控制，是操作控制农用多旋翼无人机开展作业的基础。

第三节　第二阶段操作控制训练

在第一阶段操作控制训练过程中，操作控制人员已经可以操控无人机实现起飞、降落、前进、后退、左右平移等动作。

在实际的飞防作业中，经常会遇到如高大的树木、电线、电线杆、斜拉线、崎岖的地形等各种复杂的作业环境，这些复杂的环境决定了无人机飞行训练的精准性、复杂性和高难度性。如果在这些环境中进行作业，首先就要考虑到环境、气候条件及各种因素所造成的影响，飞行操控技术就需要有更高的标准、更高的要求、更安全的保证。

中级阶段操作控制训练，以能进行实际喷洒作业为目的，加强操作控制人员对农用多旋翼无人机的控制来展开训练过程。

一、避绕障碍物飞行训练

在农用多旋翼无人机的实际作业过程中，经常会遇到飞行线路上有高大树木、电线杆等妨碍无人机直线飞行的障碍物，这就需要操作控制人员操作无人机避绕障碍物。

（一）训练方法

第一，前进飞行至标定点 A，飞行途中从障碍物 F 点左边或右边避让。

第二，后退飞行至起降点（返航点）H，飞行途中从障碍物 F 点左边或右边避让。

第三，操作控制人员要准确判断无人机与障碍物的距离。

第四，绕开障碍物后，无人机要回到原来的航线上（图4-8）。

图4-8 避绕障碍物飞行训练示意

（二）训练目标和要求

第一，继续训练左右手配合操作摇杆，平稳控制无人机的飞行姿态。

第二，无人机飞行线路准确。

第三，准确判断无人机与障碍物的距离，避让时无人机桨叶完全避开障碍物为合格。

二、弧线飞行训练

弧线飞行训练实际上是对避绕障碍物飞行训练的加强训练，目的是让无人机在避障飞行过程中更快捷、更顺畅。

（一）训练方法

第一，无人机起飞至标定点 A，平移并降落在标定点 B，然后从标定点 B 起飞，沿弧线飞行至起降点（返航点）H，降落。

第二，操控无人机从起降点（返航点）H 沿弧线飞至标定点 B 并降落，然后返回起降点（返航点）H 降落。

第三，除在起降点（返航点）无人机的机头指向标定点 A 外，无人机的机尾始终要对着操作人员（图 4-9）。

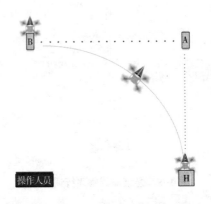

图 4-9　弧线飞行训练示意

（二）训练目标和要求

强化训练左右手配合操作摇杆，平稳控制无人机的飞行姿态；无人机飞行线路准确；无人机飞行中机头指向正确；飞行至标定点误差在 1.5 m 为合格；无人机起降平稳，降落时脚架落在规定范围内；完成一次往返飞行时间在 50 s 内为合格。

三、"8"字形与"之"字形飞行训练

在前阶段的操控训练合格后，操作人员可根据自己的训练水平，进行加强训练。强化训练可以操控无人机做"8"字型和"之"字形航线飞行。

"8"字形航线飞行训练，可以使操作人员更加熟练地操作控制无人机。"之"字形航线飞行训练，可以使操作人员更加熟练地操作控制无人机避让障碍物 F（图 4-10）。

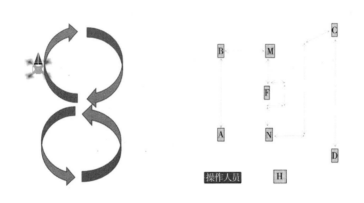

图 4-10 "8"字形与"之"字形飞行训练示意

四、农用多旋翼无人机打点训练

农用多旋翼无人机在实际作业中，因受地块面积大小、地块形状、障碍物遮挡视线等影响，操作人员无法目视到地块边界，这种情况下，就需要操作控制人员从遥控器界面中，通过无人机上的摄像头传回来的实时图像来观察、确定地块边界。

操控无人机进行打点训练，就是围绕地块边界进行打点，也

就是俗称的圈地，其目的能够将地块的实际形状有效的记录下来，为进行喷洒作业做好准备。

利用无人机进行打点，是实际作业中用处最多的方法之一。做到精确打点，能保证无人机喷洒作业的精度，从而保证了作业的效率和效果。因此，无人机打点训练，应该成为训练的重点，无人机操控人员应该熟练掌握这个技术。

（一）训练方法

第一，操控无人机向前飞行至标定点 A，在遥控器操作界面将标定点 A 添加为航点。

第二，调整无人机航向，依次向前飞行至标定点 B、标定点C、标定点 D，在遥控器操作界面分别将标定点添加为航点。

第三，在调整无人机机头朝向时，应该尽量通过无人机传回到遥控器的图像内寻找标定点（图 4-11）。

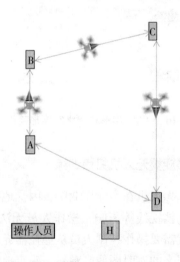

图 4-11　农用多旋翼无人机打点训练示意

（二）训练目标和要求

第一，飞行路线准确。

第二，快速、准确添加标定点，与标定点偏差 0.5 m 内为合格。

第三，操作人员不直接目视观察无人机，所有操作均通过观察无人机传回到遥控器的图像完成为合格。

第四节　第三阶段操作控制训练

一、农用多旋翼无人机对拟作业地块圈定训练

因受地形地势等自然条件影响，我们实际开展无人机作业的地块都不是规整的正方形或长方形，那么在执行飞行作业的时候，农用多旋翼无人机怎么才能精确地对所处地块进行喷洒作业而不至于越界飞到别的地块去呢？

解决这个问题，就需要提前对拟作业地块进行圈定，能够将地块的实际形状有效的记录下来，以确定无人机作业时的边界，尽量在作业时做到不越界、不重喷、不漏喷。以 T30 型无人机为例，有 3 种地块圈定方式，现介绍如下。

（一）遥控器圈定

使用遥控器圈定时，需要由作业人员手持遥控器，围绕拟作业地块边界进行打点，直至边界打点的连线闭合。在选择打点位置时，遇到弯曲的地块边界应该在每个弯曲的地方打点，以尽量使地块边界准确。

（二）RTK 圈定

RTK 圈定地块的方法与遥控器圈定地块的方法基本一致，但需要安装 RTK 高精度定位模块才能使用。RTK 圈定地块的精

确度在 3 种方法中是最高的。RTK 规划需要做好以下准备工作。

第一，规划时需要插入 RTK 高精度定位模块，需要通过其接收 RTK 信号。

第二，遥控器需要联网，因为目前绝大多数都是使用网络 RTK，需要通过网络进行通信。

第三，需要提前激活网络 RTK 套餐，大疆 T 系列植保无人机购机时赠送 AB 两个套餐，总计 12 个月网络 RTK 使用时间。

第四，选择 RTK 信号源，选择网络 RTK，即可正常获取网络 RTK 信号。

（三）农用多旋翼无人机打点圈定

农用多旋翼无人机打点圈定，是无人机操控人员依靠 FPV（第一人称视角飞行）方式，操作无人机飞行到田块的边线，在田块边线的关键处打点，操作系统根据打点位置，圈定地块。

上述 3 种圈定地块的方式，其原理均为：系统程序按照选定的标注点（打点），将这些标注点用直线连接成相对平滑的封闭曲线，这个封闭曲线即为圈定的作业田块。因此，在圈定不规则的田块时，应该在非直线的边界处尽量多打点，这样才能提高精准度。

在完成地块圈定后，操作人员应该在系统内保存地块信息（可以备注地块名称），以备正式开展作业时调用。

例如，图 4-12 所示的地块，此块田地为典型的不规则地块，若需要在这一地块中作业，打点的位置、数量会极大地影响地块圈定的精度。

从下面两张图中可以看出，当没有在地块 A 点处打点时，图中 M 所处位置的田块被圈定到作业区域内；而没有在 B 点处打点时，图中 N 所处位置的田块又没有被圈定到作业区域以内（图 4-13）。

图 4-12 待作业地块

图 4-13 打点位置示意

二、农用多旋翼无人机地块作业航线设定训练

作业航线设定，是指在已打点并圈定的地块内，通过调整并预先设定农用多旋翼无人机作业时的飞行路线，使农用多旋翼无人机作业时的航线更高效、覆盖范围更广、重喷与漏喷区更少。

大疆 T 系列农用多旋翼无人机设置了多种航线设定模式，用处比较广泛的有两种，即 AB 点模式和航线自主设定作业模式。

（一）AB 点模式

AB 点作业模式灵活方便、自动作业，适合于规整地块，如正方形、长方形、平行四边形、梯形等比较有规则的地块。对于不规则地块则难以一次性完成作业。

1. 设定方法

在地块较短一边的两端打点，起点为 A 点，终点为 B 点，AB 点形成一条直线；设定 A 点、B 点航线角度；设定好横移距离，后续航线都是 AB 这条航线的平行线（图 4-14）。

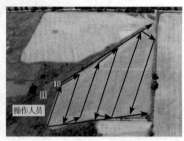

图 4-14 AB 点作业

2. 注意事项

执行 AB 点航线设定作业，需注意以下几点。

第一，AB 点的选择应和边界平行，否则后续航线会越来越偏。

第二，A 点设置航线角度后，B 点的航线角度与 A 点角度不可过大或过小，否则无法形成航线。

第三，最后一条航线需要提前观察，预判其是否会与边界相撞，如存在可能应提前结束航线。

第四，第一条航线需要以手动作业方式飞行。正式进入 AB 点作业模式后，后续作业将自动进行，AB 两点要和边界平行，否则航线会越来越歪；AB 航线夹角不可过大或过小，否则无法形成航线；最后一条航线需要提前观察，如果会与边界撞击，需要提前预测（图4-15）。

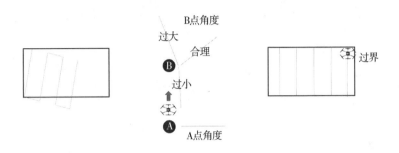

图4-15　AB点作业示意

（二）航线自主设定模式

航线自主设定作业模式是目前使用最广泛的作业模式，是智能程度最多、最精准的作业方式。因为是自动作业，工作强度大大降低。并且，自主作业只要行距设置合理，就能够避免药液重喷与漏喷的发生。全自主作业必须提前圈定地块才能够作业。如果田块太小，则作业效率太低，一般建议比较大的地块才使用该模式。

自主设定模式下，操作人员也可以根据实际情况，对设定的路线进行调整（图4-16）。

所有设定航线均为自动生成，操作人员可以根据实际的地形、风向、加药点适当调整航线走向，尽量减少空飞航线，提高作业效率。

航线方向调整方式有3种，一是拖动地块编辑中黄色点直接调角度；二是单击黄色点，数字微调，通过"+""-"调节角度；三是双击某一条边即可让航线快速对齐选定的边，使航线与该边平行（图4-17）。

图 4-16　调整作业飞行路线

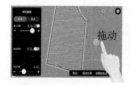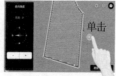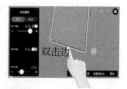

图 4-17　调整作业飞行路线方法示意

三、农用多旋翼无人机作业航线规划训练

农用多旋翼无人机作业航线规划，是指为了更好地完成作业过程，对已经自动生成的飞行航线进行的避障、边界内缩、纠正偏移等内容的具体设定，使无人机飞行航线能更精准地覆盖圈定的地块，更安全地完成作业。

（一）避开障碍物设定

在农用多旋翼无人机的作业区域内，会有树木、电线及电线杆等障碍物，这就需要对飞行路线进行规划，以避开障碍物，避免作业时的飞行航线进入障碍物范围内，造成摔机事故。如果在地块边界上存在一个连片的障碍物区域，也可以通过打点的方式直接将障碍物规划在航线之外。因此，需要根据障碍物的实际情况，在设定飞行航线时添加障碍物，使得航线绕开障碍物。

如图4-18所示，黄色线是航线，红色线是障碍物区域内，红色点是障碍物规划的航点。

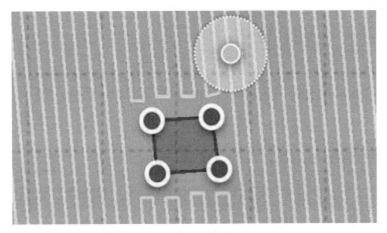

图4-18 障碍物规划

在航线设定界面，可以通过长按屏幕可选择障碍物形状（图4-19）。

添加障碍物

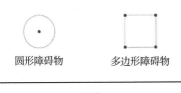

圆形障碍物　　　　多边形障碍物

取消

图4-19 障碍物形状示意

农用无人机操作与植保技术

（二）边界内缩

边界内缩是指将无人机飞行作业的航线与边界保持安全距离。因为无人机本身有宽度，作业时喷洒有幅度，如果不设定内缩，一是无人机可能与边界上的障碍物发生碰撞；二是在喷洒时药水可能被喷洒到地块外，造成药害。

边界内缩分为统一内缩和单边内缩（图4-20）。统一内缩是指对所有边线进行设置，通过调节统一内缩数据即可进行编辑；单边内缩只针对所选择的某一条边，可通过单击某条边线来进行选定。

图4-20 统一内缩与单边内缩

内缩安全距离是指航线与边缘的距离，因为植保无人机具有一定尺寸，0内缩距离将可能产生碰撞。统一内缩对所有边的内缩。单边内缩只针对特定一条边的内缩，适用于这条边情况比较特殊，例如障碍物比较多。需要单击该条边，才能进入单边内缩设置。

在设置内缩距离时，应充分考虑障碍物的位置、无人机的飞行中翼展的大小、喷幅大小、飞行精度带来的误差等各种情况。其中，GNSS定位技术的植保机飞行精度在0.6~1 m，RTK定位技术的植保机飞行精度在0.1 m以内。

无人机作业时的航线的设定是由系统自动完成的，无人机的系统在设定飞行路线时，一般情况下，内缩数值为0时，默认设定左右距离地块边界有半个机身的位置，前后距离地块边界默认为 0 m。所以，当无人机作业时飞行到地块的前后端时，无人机会一直飞行到圈定地块的边线位置，这时，如果地块边界处有稍高一些的树木或其他农作物，就会触发无人机的避障功能，严重时可能会发生撞机。

如 T30，翼展为 2.8 m，最大喷幅为 9 m。当内缩数值为 0 时，无人机飞行作业的航线距离左右边界均有 1.4 m。例如，设定统一内缩数值为 0.5 m，则飞行时到前后左右边界时，距离都会增加 0.5 m，即左右距离边界 1.9 m，前后距离边界 0.5 m。如果设定前后内缩 1 m，而左右内缩 0 m，则飞行时到前后左右边界时，前后距离边界为 1 m，左右距离边界不变为 1.4 m。

因此，在设定内缩距离时，应该首先观察和确认障碍物与地块边界的距离，正在施用的农药是否会对相邻地块上的农作物产生药害等，再参考翼展、喷幅、飞行高度等数据，分析判断，科学设置内缩数值。

(三) 纠正偏移

在进行打点的过程中，以 GNSS（全球导航卫星定位系统）坐标点形成的航线有可能随着时间的推移产生精度误差或者坐标飘移，这时，航线就有可能发生整体偏移，将有可能造成无人机摔机事故。

为了纠正偏移，我们可能以提前在作业区域周边寻找一块地面特征明显的位置设定为标定点（图 4-21），纠正偏移时应将无人机准确地放置在标定点这一个具体的点，相对于作业区域位置在短时间内是不会变化的。作业前可将农用多旋翼无人机放置在标定点执行纠正偏移，即可解决航线的偏移问题。如果采用 RTK 模块规划以及开启了 RTK 定位的飞行规划，则规划精度厘米级，无须操作纠正偏移。

纠偏前航线偏差　　　　　　　　　　　　纠偏后消除误差

图4-21　纠正偏移时农用多旋翼无人机的正确位置示意

四、作业参数设置

在农用多旋翼无人机执行作业时，需设置的参数有飞行速度、飞行行距、飞行高度、喷嘴型号、亩喷洒用量等。

飞行高度直接决定影响有效喷幅。在 1.5~3 m 的飞行高度上，无人机的有效喷幅为 4~9 m，飞行高度与喷幅呈正比关系。飞行高度越高，喷幅越大，飞行高度越低，喷幅越小。飞行行距的设置，应与飞行高度决定的有效喷幅一致。当飞行行距大于有效喷幅时，会发生漏喷现象；当飞行行距小于有效喷幅时，会发生重复喷药的问题。喷嘴的型号决定了流量和雾滴的大小，喷嘴越大，流量越大，雾滴越大。在进行杀虫、杀菌作业时应该尽量选用小喷嘴。

一般情况下，在农作物密度越大、高度越高、病虫害越严重的情况下，越应该增加亩用药液量，降低飞行速度和高度。这些参数的设置，需在实际作业时，分析农作物的浓密程度、高低等状况，作出判断，科学设置。

通过以上各个程序的训练，农用多旋翼无人机操作人员已经达到了能够独立操控无人机进行飞防作业的目的。

在实际飞防作业中，还有许多具体问题，需要农用多旋翼无人机操作控制人员通过不断的学习来解决。不同的农作物，设定作业参数会有所不同；相同的农作物在不同的生长阶段或因长势不同，也需要改变作业参数，以达到最佳的防治效果。

第五章 农用多旋翼无人机的
维护保养

第一节 农用多旋翼无人机维护保养的目的和意义

无人机作为一个高度自动化和集成化的飞行系统，在经历长时间、高强度的作业后，无人机的一些零部件或者配合件由于松动、变形、磨损、疲劳、腐蚀等原因，会出现老化、损伤等现象，逐渐降低或丧失工作能力，使整机的技术状态失常。另外，电池、润滑油等工作介质也会逐渐消耗，使无人机的正常工作条件遭到破坏，加剧整机技术状态的恶化，从而影响作业效率和效果，甚至带来安全隐患。因此，无人机的操控人员不仅要按照正确的方式操作和使用，更重要的是要做好对无人机的日常检查、维护和保养（表5-1，表5-2）。

表5-1 农用无人机日常维护保养

系统名称	项目	日常维护方法	注意事项
机身	机身	使用软毛刷或湿布清洁机身，再用干布抹干水渍	切勿使用超过 0.7 MPa 高压水枪冲洗机身；建议使用湿抹布擦拭机身
遥控器	遥控器	用拧干水分的湿布清除表面灰尘与农药残留	清理遥控器散热口时，切勿将水渍溅入

续表

系统名称	项目	日常维护方法	注意事项
动力系统	桨叶	用湿布擦拭桨叶，检查桨叶有无裂纹，再用干布擦干水渍	更换桨叶时需要按相对应的型号成对桨叶
	桨夹	使用软刷或湿布清洁，再用干布擦干水渍	桨夹破损应及时更换
	电机	同桨夹维护方法	若电机桨叶表面有沙尘、药液附着，建议用湿布清洁表面，再用干布擦干水渍
	电池	用棉签蘸酒精清理电池与电池座的金属簧片，将表面附着物清理干净	电池不防水，切勿用水直接冲洗或泡水清洗
	充电器	用拧干的湿布清理充电器，再用干布擦干水渍	切勿将水渍溅入充电器内，造成内部模块异常
喷洒系统	药箱	使用清水或肥皂水注满作业药箱，并完全喷出，如此反复清洗3次	打敏感作物或其他药剂前需要彻底清洗药箱
	滤网	将药箱滤网拆出后进行清洁，确保无堵塞，然后再清水浸泡12 h	安装喷头时注意正确安装橡胶垫片与喷嘴定位环
	喷嘴	同滤网维护	使用软刷清理，切勿使用金属物体清理
播撒系统	作业箱	使用干燥的压缩空气吹气进行清理，并使用干净柔软的干布擦拭	切勿使用水直接冲洗
	播撒机	同作业箱维护方法	切勿使用水直接冲洗
	播撒盘	同作业箱维护方法	播撒盘为易损耗部件，如存在明显磨损，请及时更换播撒盘

表5-2 农用无人机日常检查内容

系统名称	项目	检查内容	注意事项
机身	机身	1. 检查机臂是否有裂痕、变形；2. 展开机臂，检查套筒及套筒锁附位置的螺纹是否有磨损；3. 检查机头上方的天线模块是否松动；4. 脚架与机身框体是否松动；5. 检查雷达外壳是否破损；6. 雷达支架安装是否牢固	切勿使用损伤部件，以免出现炸机风险；切勿使用超过0.7 MPa高压水枪冲洗机身；MG系列与T16建议使用湿抹布擦拭机身，切勿用水直接冲洗机身
遥控器	遥控器	1. 遥控器外观检测；2. 遥控器外置电池与遥控器的接口是否松动	遥控器电池请勿长期满电或低电压存放
动力系统	桨叶	1. 检查桨叶是否破损、变形，若有请及时更换；2. 检查垫片是否破损	桨叶需成对更换
	桨夹	桨夹是否存在松动	桨夹出现破损应及时更换
	电机	1. 有无卡转堵转、异响；2. 上下拉动电机转子，有无松动；3. 水平左右晃动电机，检查电机与电机座是否松动	桨叶有药液等附着物、桨叶破损、电机异常等，飞行器将存在动力饱和导致的炸机风险
	电池	1. 电池外观检查；2. 电池与电池座的金属簧片检查	电池不防水，切勿用水直接冲洗或泡水清洗
	充电器	充电器散热口是否有灰尘	四通道充电器需定期清理散热口灰尘
喷洒系统	药箱	1. 检查密封圈是否变形，密封面是否破损；2. 检查水箱内滤网是否有腐蚀；3. 检查水箱内液位计是否正常工作	安装药箱内滤网时，注意正确安装橡胶垫圈
	水泵	通过遥控器检查水泵流量、压力、转速，若数据异常，请联系售后网点进行更换	切勿私自拆开水泵进行清理，可能造成水泵气密性下降

系统名称	项目	检查内容	注意事项
喷洒系统	喷嘴	1. 检查喷嘴是否堵塞，喷雾是否均匀；2. 喷嘴橡胶圈是否变形，封面是否破损；3. 喷嘴滤网是否腐蚀	请勿使用金属物体清理喷嘴，及时更换破损硬件，避免影响作业效果
	水管	水管是否破损	及时更换破损件
	流量计	检查流量计数据是否正常	更换不同型号的喷嘴，要进行流量校准
播撒系统	作业箱	检查作业箱与播撒机连接是否牢固	若使用时出现以下情况，需校准：1. 仓门无法完全打开或关闭；2. 落料速率与预期值有偏差；3. App 误报无料报警
	撒播机	1. 检查霍尔元器件是否正常检测颗粒；2. 检查搅拌棒是否正常转动；3. 检查舱门是否可以调节大小	
	播撒转盘	播撒盘是否磨损	

　　无人机的操控维护人员对无人机各部分进行清洁、检查、润滑、紧固、调整或更换某些零部件等一系列技术维护措施，总称为技术保养。

　　做好维护保养工作，可使无人机经常处于完好技术状态，延长其使用寿命，及时消除隐患，防止事故发生。因此，必须按规定程序经常检查无人机的技术状况并切实做好维护保养工作。对无人机的维护保养必须做到以下 3 点。

　　一是在无人机飞行后将零部件和工具归位，以防止再次飞行时零部件和工具缺失。

　　二是在飞行后要对无人机进行全面彻底的检查，及时发现在使用中造成的损坏并修复。

　　三是重要的设备部件需要定期检修，避免因长时间使用造成的损坏。

第二节　农用多旋翼无人机的维护保养技术

一、整机外观保养

在执行飞行作业后，将湿布拧干，擦拭农用无人机表面，除去机身上的药渍与脚架上的泥土。检查机臂是否有裂痕、变形，展开机臂，检查套筒及锁紧位置的螺纹是否有磨损。检查外置天线是否紧固、机头上方的模块是否松动。检查无人机上盖前方的空气过滤罩，并及时清理。检查脚架与机身框体是否存在松动现象。检查雷达外壳是否破损，雷达支架安装是否牢固。分电板长期作业后会产生黑色氧化物，应使用棉签蘸酒精进行擦拭。如出现绿色铜锈应尽快擦除，绿色铜锈扩大应尽快更换分电板。

二、遥控器的保养

作业完后将遥控器天线折叠，使用干净的湿布（拧干水分）擦拭遥控器表面及显示屏。遥控器需定期擦拭，避免灰尘等积累，保证遥控器外观洁净。遥控器不使用时，需将遥控器天线折叠收纳，避免折断天线。检查遥控器外置电池与遥控器的接口处是否存在药液、灰尘，及时清理。遥控器外置电池存放时需不满电但不低于两格电存放，禁止满电或低电量存放。

三、螺旋桨的保养

使用拧干的湿抹布认真清理螺旋桨叶片、固定螺丝表面的农药残留，并用干布抹干水渍。在清洁桨叶时，应抓住桨叶末端，向下或向上微微抬起桨叶，检查桨叶边缘是否有裂纹。检查桨叶有无裂纹，及时更换有裂纹的桨叶，注意桨叶需成对更换。检查桨叶垫片是否存在磨损情况，若磨损严重，请及时更换新的桨叶垫片。转动桨叶，检查桨夹是否存在松动的情况，若松动需要拧紧桨叶固定螺丝（图5-1）。

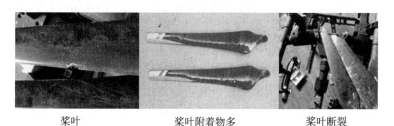

桨叶　　　　　　　桨叶附着物多　　　　　桨叶断裂

图5-1　需要更换的桨叶

四、电机的维护与保养

因农用多旋翼无人机有多个电机，所以在维护保养电机时，应按照一定的顺序，逐个检查，防止遗漏。在检查电机时，应转动电机转子，检查电机是否存在卡、顿、堵转等情况。轻微用力向上垂直拉动电机转子，检查电机转子是否存在松动。水平左右晃动电机，检查电机和电机底座与机臂的连接是否牢固，建议取下黑色电机保护罩，检查固定电机底座的螺丝是否松动，电机底座与机臂的限位模块是否磨损。

避免无刷电机长期在高温环境中工作。电机长期处于高温环境，将对无刷电机的各个系统造成损伤。有些磁铁不耐高温，在接近其耐温极限时，会发生退磁现象。退磁后电机磁性下降，扭矩下降，电机性能会受到不可逆的损伤。高温环境会使轴承内部润滑油发生挥发，从而加速磨损。

避免电机进水，应保持内部干燥。进水将有可能导致轴承生锈，加速轴承磨损，降低无刷电机寿命。另外，包括硅钢片、转轴、电机外壳也都有生锈的可能。

定期检查电机轴承磨损情况。如果声音带杂音，并且有类似有沙子在内部的杂音，则轴承有损伤需要更换。

定期检查电机的动平衡情况。正常的电机转动有较轻微的振动，如果电机动平衡失效，则电机振动较大，产生高频振动。

五、电池的维护保养

用湿布拧干清理电池、充电器外观，再用干布擦干水渍，电池需定期用棉签蘸酒精清理金属接触簧片，四通道充电器需定期清理散热口灰尘。应关注电池插口的健康状态，对于锂电池插口出现融化、绿锈等情况应及时进行清洁。

检查电池外观是否正常，若外壳破损、变形、漏液，请联系售后处理，切勿继续使用与自行处理。

检查电池与电池座的金属簧片，若出现少许发黑情况，及时用酒精擦拭，若大面积发黑，请及时更换。电池不防水，切勿用水直接冲洗或泡水清洗。

电池使用时，载重不应该超过额定载重量。作业时，电池剩余 30% 电量及时返航充电，若继续使用，多次过放，将严重影响电池寿命。

电池在存储时应该注意的事项：应将电池保持电量在 40%～60%，严禁低电量长期存储，否则可能造成电池性能不可逆的损坏；损坏的电池应单独存放，避免混放；电池应存储在干燥的环境当中，避免放置在漏水、潮湿的区域。

电池在运输时应注意的事项：严禁将电池放在暴晒下的封闭车厢内，车内高温有可能导致电池自燃；外形严重变形的电池不能使用，更不能放在车辆内运输；运输时，禁止叠放，应放置在电池箱内有序存放。

六、充电器的维护保养

充电器在工作时会产生一定的热量，应保持充电器散热通道畅通。

做好充电器日常清洁，保证充电接头完好。在充电时，应保证充电电流不大于充电器最大输出电流。也就是电池的充电功率不应大于充电器的最大输出功率。充电完成后，应先结束充电再断开电池插头。

七、喷洒系统的维护保养

（一）喷洒系统的检查

第一，取下水箱，观察密封圈是否有较大变形，密封面是否破损，若有，请立即更换，否则会造成进空气等故障。

第二，拆下水箱下部旋盖，取下滤网和对应密封圈，检查滤网是否堵塞，对滤网进行清洗。

第三，检查喷嘴雾化情况，如出现雾化不佳应彻底清洁或更换新喷嘴。

第四，检查喷洒系统（水箱、水泵、流量计等）几处管道接头处是否松动，管道是否有破裂，若有破损，请立即更换，否则会造成进空气等故障。

第五，观察泄压阀是否渗水，若存在问题，及时更换密封垫片。

第六，检查水箱内部的两个液位计，使用清水进行清洁并检查是否有腐蚀现象。

（二）药箱、水泵、管路清洗

外部清洗：使用湿布擦拭药箱、水泵、喷杆等喷洒系统部件，然后用干布擦干水渍。

内部清洗：在药箱中加入清水并开启喷洒，多次清洗喷洒系统内部。

（三）喷嘴、滤网清洗

喷嘴、滤网可用细毛牙刷清洗，清洗完毕后应将喷嘴、滤网放入清水浸泡一段时间（图5-2）。

未清理的滤网　　　　　清理过的喷头和滤网

图5-2　滤网清理前后对比

（四）撒播系统的检查与维护

检查作业箱与播撒机连接是否松动，若存在松动情况则需要更换箱锁键。

把作业箱与播撒机分离，检查播撒机各部件（霍尔元器件、搅拌棒、减速箱、甩盘主体、播撒盘），使用软毛刷清理表面附着物，不建议使用清水直接冲洗播撒机。

分离播撒机播撒盘，检查播撒盘。如存在明显磨损，需要及时更换播撒盘。

播撒系统出厂时已完成校准，可直接使用。若使用时出现以下情况，则需用户自行校准：仓门无法完全打开或关闭；落料速率与预期值有偏差；遥控器误报或无料报警。

校准方法：进入遥控器作业界面→设置选项→播撒系统，在播撒系统设置中点击校准，然后等待自动完成校准。若初次校准失败，可重复操作直至完成校准为止。

（五）播撒机清理

在清理播撒机时，应先将作业箱与播撒机分离，使用拧干的湿布擦拭作业箱内部与外部，并使用干净柔软的干抹布将作业箱擦干。

使用软刷清理（减速箱、搅拌棒、甩盘主体、播撒盘等），并使用干燥空气进行吹气清理，然后使用干净柔软的干布擦拭。

切勿直接用水清洗。

（六）农用无人机的存储条件

第一，农用无人机应存放在室内通风、干燥与不受阳光直射的地方。适宜存放农用无人机的室内温度为 18~25 ℃，不应高于 30 ℃。

第二，由于农用无人机许多部件是用橡胶、碳纤维、尼龙等材质制造，这些制品受空气中的氧气和阳光中的紫外线作用，易老化变质，因此不要将农用无人机放在阴暗潮湿的角落里，也不能露天存放。

第三，要确保存放环境无虫害、鼠害，也不能与化肥、农药等腐蚀性强的物品堆放在一起，以免农用无人机被锈蚀损坏。管路橡胶件受腐蚀后会膨胀、开裂，影响使用安全。

第六章 农作物病虫害无人机 防治基础

农作物在正常生长的时候时常会受到病害、虫害、草害及其他有害生物等的侵害，农作物的生长代谢过程会因此受到影响和破坏，轻者会造成农作物减产，重者可能导致绝收。对农作物在正常生长的时候因受到病、虫、草及其他有害生物等的侵害，我们统称为病虫害。

农作物的病害、虫害、草害及其他有害生物侵害等，其病理不用，病害的表现也不同，防治方法更是不同。因此，在使用农用无人机进行病虫害防治的时候，我们首先要了解病虫害的分类、起因、表现、特征等因素，这样可以快速判断病虫害的种类，以便对症施药。识别农作物病虫害的方法如下。

一是根据不同农作物类型，确定发病原因。不同的农作物，病虫害的种类也不同，如水稻有稻瘟病、稻螟虫害，小麦条锈病、吸浆虫害等。农作物的各种病害有上千种，我们首先需要确定诊断的是哪种农作物，这样可以提高50%的诊断准确性。

二是确定病害大类，对症施药。当我们已经确定了农作物非正常生长并出现病态，就需要分析导致作物得病的原因。导致农作物出现病态的原因主要有：病害、虫害、不良环境影响、药害、肥害等。如果是病害，从大田来看，会有病害发生中心点，有一片受到病害的农作物，或者有几个开始腐烂的叶片等症状，就可以排除是虫害药害等。如果是因为受到不良环境影响造成的病害，在一块田地里，都会普遍发生同样的问题，例如，叶片都冻得萎蔫、因干旱农作物萎蔫等，你就可以排除另外的原因。如果是受到药害肥害，造成作物得斑点、黄叶等，大多数在一整块田都会发生，但不会像病害造成的局部现象，也不会像不良环境一样，一个村，或者一大片地域都同时出现同样的问题。

三是根据农作物的不同时期、不同部位做出精准判断。当确定了某个病虫病害后，要根据每个农作物的生长阶段、发病部位做出判断。因为，至少有一大半的农作物在不同的生长阶段发生病虫害的原因是不相同的。

第一节　农作物的病害

农作物的病害是指农作物受到不良环境因素的干扰或病原生物的侵染，在农作物的生理上和组织结构上产生一系列病变，在植株上表现出病态，使农作物不能正常生长发育，甚至导致局部或整株死亡，对农业收成造成损失的现象。

根据农作物的致病因素，可划分为生物性病原与非生物性病原。

生物性病原通常称为病原生物，主要有真菌、细菌、病毒等。

非生物性病原是指引起植物病害的各种外界不良环境条件，如不适宜的温度、光照、水分、营养等条件，或者是植物生存的土壤、空气中存在有毒物质都有可能使植物产生病害。本书中，我们主要对生物性病原进行分析。

一、真菌病害

真菌可引起3万余种植物病害，占植物病害总数的80%，属第一大病原生物。植物上常见的霜霉病、白粉病、锈病和黑粉病四大病害都由真菌引起，主要症状包括坏死、腐烂和萎蔫，少数为畸形（图6-1）。特点是病斑上有霉状物、粒状物和粉状物等病征。真菌病害特征一般包括：一定有病斑存在于植株的各个部位；病斑形状有圆形、椭圆形、多角形、轮纹形或不定形；病斑上一定有不同颜色的霉状物或粉状物，颜色有白、黑、红、灰、褐等。

病菌释放　　　　　　　　　　　　病菌传播

病菌生长　　　循环过程　　　病菌到达新宿主

病菌入侵　　　　　　　　　　　　病菌萌发

图6-1　病菌侵染过程示意

　　例如，小麦白粉病，叶上病斑处出现白色粉状物。再如柑橘青霉病，受害叶片、残花及果实上出现白色霉状物（图6-2）。

小麦白粉病　　　　　　　　　柑橘青霉病

图6-2　真菌病害的症状表现

二、细菌病害

细菌性病害是由细菌病菌侵染所致的病害，发病后期遇潮湿天气，在病害部位溢出细菌黏液，是细菌病害的主要特征。细菌导致的病害包括青枯病、软腐病、角斑病、溃疡病、辣椒疮痂病、桃穿孔病、水稻白叶枯病、水稻细菌条斑病、姜瘟病等。常见的病症状态有黄叶、烂叶、斑点、萎蔫、腐烂、臭味、菌脓、肿瘤等。

斑点：病斑初期呈水渍状，对光半透明。

腐烂：细菌引起的腐烂有黏滑感，常伴有恶臭。

萎蔫：横切幼嫩维管束组织，并用力挤压，在切口处常会有污白色的液体流出。

畸形：细菌引起的畸形主要发生在根、根颈及茎秆部位。

三、病毒病害

植物病毒病在多数情况下以系统侵染的方式为害农作物，并使受害植株发生系统症状，产生小叶、花叶、蕨叶、扭曲、坏死、黄叶、畸形等症状（图6-3）。蚜虫及飞虱等刺吸式口器害虫取食作物汁液的方式会促进病毒病的传播。

玉米矮缩病　　　　　　　　番茄病毒病

图6-3　病毒病害的症状表现

第二节　农作物的虫害

农作物虫害是指为害农作物或传播人、畜病害，对农作物的生长或对人类的生产、生活造成严重威胁的虫类。虫害一般有两类：昆虫类和螨类。

昆虫（图6-4），昆虫属无脊椎动物节肢动物门气管亚门的昆虫纲，身体分头、胸、腹3个部分，头部有一对触角、一支复眼和一个口器；胸部有3对足，一般有两对翅，因其特殊的繁殖能力，个体的数量极多，各种类之间的大小也有着极大的区别。已经定名的昆虫有100多万种，占整个动物世界各类的3/4以上。

图6-4　昆虫

螨虫（图6-5）的基本特征：螨虫体分节不明显，无翅，无触角，无复眼；成虫足4对，少数2对；变态经卵、幼螨、若螨及成螨4个阶段。

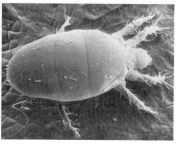

图6-5 螨虫

一、害虫生物学分类

一般说来,昆虫分类首先是遵守动物分类的普通规则。而动物分类则是按这个规律进行的:界、门、纲、目、科、属、种。

现代的昆虫分类学把昆虫纲分为33个目,其中与农业生产上关系最密切的主要有直翅目(如蝗虫、蟋蟀、蝼蛄)、半翅目(椿象类)、同翅目(如蝉、飞虱、蚜虫、蚧类)、鳞翅目(蝶、蛾类)、鞘翅目(甲虫)、膜翅目(各种蜂类和蚂蚁)、双翅目(如蝇、蚊)等。

二、害虫侵害农作物的方法

由于各种昆虫的食性和取食方式不同,因而在构造上发生特化,形成各种类型的口器。口器是昆虫的取食器官,害虫通过其口器侵害农作物。昆虫的口器主要有咀嚼式和刺吸式两种类型(图6-6)。

咀嚼式口器的昆虫有蝗虫、甲虫、蝶、蛾类幼虫等。

刺吸式口器的昆虫有蚜虫、螨类、介壳虫、蚊子等。

此外,还有蝶、蛾类的虹吸式口器,苍蝇的舔吸式口器等。

咀嚼式口器的害虫主要咀嚼固体食物,能将植物咬成缺刻、空洞或啃食叶肉,仅留叶脉、表皮,甚至全部吃光。

咀嚼式口器

刺吸式口器

图6-6　咀嚼式和刺吸式口器

刺吸式口器的害虫，常造成农作物褪色、斑点、卷叶、枯焦、虫瘿、肿瘤及僵缩等为害状，并能传播多种病毒病。

了解昆虫口器的类型及其为害特点，对识别害虫和防治害虫具有重要意义。我们可以根据农作物的被害状态，来判断害虫的类别。同时，也为选用药剂、用药方式及用药时间提供依据。

咀嚼式口器害虫必须将固体食物切磨后吞入肠胃中，因此应用胃毒作用的杀虫剂喷洒到植物表面或作成毒饵，通过害虫进食致死。刺吸式口器的昆虫以口针刺入植物体内吸食汁液，胃毒剂不能进入它们的消化道内而发生致毒作用，应用内吸作用的药剂来进行防治。而触杀作用和熏蒸作用的药剂对这两类口器的害虫都具有致毒作用。

第三节　农作物的草害

全世界30多万种植物中，杂草的总数有3万多种，约占植物总数的1/10。其中，每年约有1 800种杂草对农业生产造成不同程度的损失。生长于主要农作物田里的杂草200多种，其中为害最严重的杂草有二三十种。农作物受杂草为害平均减产10%以上。这些杂草由于地区、国家、气候和土壤条件、作物及栽培方法的不同，其分布存在明显差异。

全世界为害最严重的杂草有十多种，这些杂草多分布在热带、亚热带及温带，这些杂草都具有难以防治的生态特性。例如，假高粱在美国广泛分布，成为大豆、玉米田最难防治的杂草；稗草分布于全世界各地稻田与旱田作物中；白茅则成为热带与亚热带果园、胶园难以治理的杂草。世界各地广为分布的杂草还有：小苋、刺苋、野燕麦、藜、油莎草、马唐、两耳草、马齿苋、罗氏草等。

稻田由于生态环境的一致性，因而世界各地杂草种类及分布差异不大。世界稻田杂草总计 350 种，其中禾本科杂草主要是：稗、芒稷、千金子、双穗雀稗及野生稻；主要莎草科杂草有：水虱草，藨草，莎草属；主要阔叶杂草有：尖瓣花、水苋菜、鳢肠、雍菜。亚洲及太平洋地区稻田主要杂草是：稗、凤眼兰、鸭舌草、异型莎草、碎米莎草、具芒碎米莎草、飘拂草、芒稷、眼子菜、长瓣慈姑、虻眼、红萍、牛毛毡、母草、节节菜、南国田字草等。

人们使用的除草剂，大多用于防除一年生适龄杂草，对多年生杂草、木质化杂草及草荒往往效果差或无明显效果。而上述的世界性恶性杂草往往具有这几方面的特性，多为多年生杂草，有些为寄生性杂草（寄生性杂草对防除这些杂草的除草剂提出了更高的要求），往往能造成大面积的草荒暴发。针对这些世界性恶性杂草的化学除草剂多为灭生性的，极少有选择性很强的除草剂。这些杂草还没有十分理想防治方法，农业生产上要求采用"以防为主、综合防治"的方针。

这些世界性的恶性杂草，是世界性的难题，世界除草剂的开发方向可以把目标指向这些世界性的恶性杂草，虽然还没有卓有成效的针对性强的除草剂出现，但有一些专业的除草剂生产企业已经把这些恶性杂草作为难点在进行攻关，相信未来将会出现专门针对这些恶性杂草的除草剂，像这样的除草剂在世界上应该会大受欢迎，而且应该也会畅销全球的。

第七章　农用无人机施用农药的基本知识

农药是指用于预防、控制为害农业、林业、畜牧业、渔业等的病、虫、草和其他有害生物的混合物及其制剂。同时，也应包括有目的地调节植物、昆虫生长的药剂。

需要注意的是，在农药的使用上，原则上首先是预防，其次才是控制。

对于农作物病虫害，我们常用的方法就是施用农药，其目的就是用于预防、消灭或控制为害农作物生长的病、虫、草及其他有害生物，以及有目的地调节、控制、影响农作物的生长和有害生物代谢（图7-1）。对农作物的病虫害等的防治，是保证产量的有效办法之一。

调节作物的长势　　　　　病害

虫害　　　　　杂草

图7-1　农药的主要作用

第一节 农药选用基础知识

一、药剂的选择与配制方法

农用无人机在进行病虫害防治时，最主要的途径就是施用农药，无人机喷洒作业时采取的是低容量喷雾方式作业，具有雾滴小、用药少的特点，无人机特殊的作业方式也使其在用药、剂型、作用方式选择方面与其他植保机械有所区别。

（一）农药剂型的选用

工厂生产出来的农药为原药，一般不能直接使用，必须加工配制成各种类型的制剂，才能使用。制剂的形态称为剂型。适合销售的农药都是以某种剂型的形式，销售给用户的。我国使用最多的剂型是乳油、悬浮剂、可湿性粉剂、粉剂、粒剂、水剂、母液、母粉等剂型。

原药加工成剂型有以下作用：提高农药的分散度；增加附着性；提高稳定性；降低农药毒性，提高使用范围；提供特殊气味，避免误食。

多数农药剂型在使用前经过配制成为可喷洒状态后使用，或配制成毒饵后使用，但粉剂、拌种剂、超低容量喷雾剂、熏毒剂等可以不经过配制而直接使用。

一种农药可以加工成几种剂型。各种剂型都有一定的或特定的使用技术要求，不宜随意改变用法。例如颗粒剂只能抛撒或处理土壤，而不能加水喷雾；可湿性粉剂只宜加水喷雾，不能直接喷粉；粉剂只能直接喷撒或拌毒土或拌种，不宜加水；各种杀鼠剂只能用粮谷等食物拌制成毒饵后才能应用。

农用多旋翼无人机飞防作业都是使用喷雾方式进行的，由于喷雾粒径较小，所以不能选用粉剂类剂型，应选用水基化剂型，如水乳剂、微乳剂、乳油、悬浮剂、水剂等。可湿性粉剂、可溶性粉剂有可能造成堵喷头、水泵寿命缩短等情况，应尽量避免使用。

（二）农药毒性的选用

飞防作业的药剂因为稀释比例低，所以不能使用剧毒及高毒农药，否则将有可能导致人员中毒。以下高毒及剧毒禁用或限用农药切不可用作飞防药剂，如甲拌磷、对硫磷、久效磷、杀虫脒、克百威、甲胺磷、灭多威等。

（三）药剂配制规范

药剂配制时，配药人员应在穿戴防护设备齐全的前提下进行，按照二次稀释法要求，即先用少量的水，将农药稀释成母液备用，再将配制好的母液按一次的使用量和稀释比例倒入准备好的清水中，搅拌均匀用于喷洒作业。

配药时在开阔的空间进行。禁止在密闭空间、下风向等情况下进行配药，否则将可能造成人体中毒。需要注意的是，部分操作人员会使用一次性塑料薄膜手套，这种手套没有弹性，且耐用性和适用性也比较差，无法保障配药人员安全。应使用质量较好的丁腈橡胶手套，不仅耐用性好，而且不渗透耐腐蚀。

二、农药基本的分类

农药可分为杀菌剂、杀虫剂、除草剂、植物生长调节剂等。

按照相关规定，在每个药剂包装下方都会有色带对应相应的农药用途（图7-2）。农药的外包装或标签上应该注明相关内容（图7-3）。

三、农药的毒性

农作物药物对农作物的毒害作用，与医药相同，一般分为急

杀虫剂（红色）　　杀菌剂（黑色）　　除草剂（绿色）　　调节剂（深黄色）

图7-2　农药外包装下方不同的颜色对应的农药用途与分类

图7-3　农药标签

（①农药的商品名，由企业命名；②农药的通用名，真实名称；③有效含量，真正起效果的成分占比；④剂型，药剂的形态，飞防主要用水基化药剂；⑤毒性，尽量用微毒、低毒农药；⑥农药的用途，分杀虫剂、杀菌剂、除草剂、调节剂，他们的颜色不同）

性毒性和慢性毒性两种。急性毒性指药剂一次进入有机体内后短时间内引起的中毒现象。

四、禁止使用的农药

按照《农药管理条例》规定，任何农药产品都不得超出农药登记批准的使用范围使用。

（一）国家明令禁止使用的农药

六六六，滴滴涕，毒杀芬，二溴氯丙烷，杀虫脒，二溴乙烷，除草醚，艾氏剂，狄氏剂，汞制剂，砷、铅类，敌枯双，氟乙酰胺，甘氟，毒鼠强，氟乙酸钠，毒鼠硅，甲胺磷，甲基对硫磷，对硫磷，久效磷，磷胺等。

（二）在蔬菜、果树、茶叶、中草药材上不得使用和限制使用的农药

禁止氧乐果在甘蓝上使用；禁止三氯杀螨醇和氰戊菊酯在茶树上使用；禁止丁酰肼（比久）在花生上使用；禁止特丁硫磷在甘蔗上使用；禁止甲拌磷、甲基异柳磷、特丁硫磷、甲基硫环磷、治螟磷、内吸磷、克百威、涕灭威、灭线磷、硫环磷、蝇毒磷、地虫硫磷、氯唑磷、苯线磷等在蔬菜、果树、茶叶、中草药材上使用。

第二节　农药的性能与作用方式

一、杀菌剂

农药杀菌剂是一种用来防治农作物病害的药剂。凡是对病原物有杀死作用或抑制生长作用但又不妨碍植物正常生长的药剂统称为农药杀菌剂。也就是说包括防治真菌、细菌、病毒的药剂都属于杀菌剂。杀菌剂分为保护性杀菌剂和治疗性杀菌剂两种。

（一）保护性杀菌剂

在病害发生之前施用于植物体可能受害的部位，以保护植物不受病毒或细菌侵染的药剂。保护性杀菌剂多具有杀菌谱广、植物不会吸收的特点。其主要是起到预防作用（图7-4）。例如，代森锰锌类杀菌剂、石硫合剂等。

图7-4　保护性杀菌剂的作用方式示意

（二）治疗性杀菌剂

在农作物感染病害后，能够治疗农作物病害的药剂。治疗性杀菌剂必须具有两种重要的生物学特性：一是必须具备能够被植物吸收和输导的内吸性。二是必须具备高度的选择性，以免对植物产生药害（图7-5）。

典型药物如三唑酮（粉锈宁）、多菌灵等。

图7-5　治疗性杀菌剂的作用方式示意

二、杀虫剂

用于防治农作物害虫的药剂，杀虫剂、杀螨剂、杀线虫剂都统称为杀虫剂。

（一）杀虫剂作用方式（图7-6）

1. 胃毒

药剂被害虫摄食进入体内并吸收，从而产生毒杀效果。需要害虫采食含毒叶片才能起效；需要喷洒较为均匀才能具有良好效果。

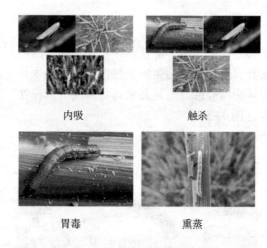

内吸   触杀

胃毒   熏蒸

图7-6　杀虫剂的作用方式

2. 内吸

使用后被植物体吸收，并可传输到其他部位，害虫吸食或接触后中毒死亡。作业后，药剂能被作物吸收，全株起效；对作业要求相对较低。

3. 触杀

害虫接触到药液即可造成毒杀。需要杂草、害虫直接接触到药剂才能生效；因此需要喷洒较为均匀才能具有良好效果。

4. 熏蒸

通过害虫的呼吸器官进入体内而造成毒杀。杀虫剂散发出毒性气体，导致害虫呼吸中毒；作业时避免进入作业区域，从而导致吸入中毒。

目前使用的杀虫剂一般同时具有两种以上的作用方式，可根据主要防治对象选用最合适的药剂。

（二）不同为害位置害虫的防治原则

1. 食叶害虫

如菜青虫、小菜蛾、棉铃虫等，应及早防治，大龄幼虫对药剂的抵抗能力大大增强，一般应在幼虫 3 龄以前进行施药。

2. 钻蛀害虫

如桃小食心虫、梨小食心虫等，应在幼虫孵化之后，钻蛀之前进行施药。但是，对于一些害虫来说，这一段时间非常短，只有几个小时，必须依靠预测预报。

3. 吸汁害虫和潜叶害虫

有些害虫靠吸取植物的汁液为生，比如蚜虫和蓟马，世代重叠严重，卵和不同龄期的幼虫同时存在。如果向害虫体表喷洒农药，一次用药，很难彻底防治。而潜叶害虫潜伏在叶片或茎秆表皮下取食，一般的叶面喷施的药剂很难达到这个部位。对于这两类害虫，应该选用内吸性能好、渗透能力强、持效期长的药剂，如噻虫嗪、吡虫啉等药剂，才能收到良好的效果。

三、除草剂

除草剂是指可使杂草彻底地或选择地枯死的药剂，又称除莠剂，其药效是消灭或抑制植物生长。其使用效果受药剂、农作

农用无人机操作与植保技术

物、环境等条件影响。

除草剂同杀虫剂、杀菌剂相比，其使用技术的要求更高。杀虫剂、杀菌剂使用一时失当，可能只是影响防治效果。除草剂使用不当，有可能造成减产甚至绝收。

（一）除草剂的分类

1. 按对作物的作用性质分类

（1）灭生性除草剂

在常用剂量下可以杀死绝大部分接触到药剂的植物，如草甘膦。但是要注意的是，飞防植保飘移性较强，喷洒灭生性除草剂很有可能产生飘移药害，需特别谨慎。

（2）选择性除草剂

在一定剂量和浓度下，选择性地消灭指定的植物，如丁草胺、乙草胺。

2. 按作用方式进行分类

（1）输导型除草剂

施用后通过内吸作用传至杂草敏感部位或整株，使之中毒死亡，如草甘膦等。

（2）触杀型除草剂

不能在植株体内传导移动，只能杀死所接触到的植物，如灭草松等（图7-7）。

3. 按使用方式进行分类

（1）土壤处理剂

土壤处理就是将除草剂用喷雾、喷洒、泼浇、浇水、喷粉或毒土等方法施到土壤表层或土壤中，形成一定厚度的药土层，接触杂草种子、幼芽、幼苗及其他部分（如芽鞘）吸收而杀死杂草。

（2）茎叶处理剂

将除草剂溶液兑水，以细小的雾滴均匀地喷洒在植株上，这

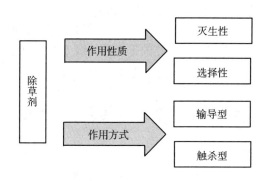

图7-7 除草剂的作用性质和作用方式

种喷洒法使用的除草剂叫茎叶处理剂，可以根据杂草种类选择相应的除草剂品种。

（3）综合剂型

可做茎叶处理，也可做土壤处理，具有封、杀双重作用。

（二）除草剂的使用

除草剂的使用时间分3个时期。

1. 农作物没有播种之前，又称为播前土壤处理

用除草剂对杂草进行茎叶处理或土壤处理消灭杂草称播前土壤处理。必要时可创造条件诱发杂草萌芽，然后用除草剂将杂草杀死，待药效过后再进行播种，这样对农作物相对更安全。

2. 农作物播种后出苗之前，又称芽前处理

播后苗前处理又称芽前处理，就是在农作物种子播种后出苗前使用除草剂。用除草剂封闭土壤，这个时期比较短，仅几天时间，要科学严格掌握，气温高时，农作物种子萌发出土快，温度低时出土慢。播后苗前土壤处理防除杂草的效果较好，但必须及

时施药，否则会影响农作物出苗和产生药害。

3. 农作物生长期，也称为茎叶处理

在农作物生长时期用药剂防除杂草，属于茎叶处理。在这个时期使用的除草剂需要有很好的选择性，既要对杂草敏感选择性强，又要在作物抵抗性比较强的时期进行处理。

第三节　药害产生及农药使用综合原则

农药如果使用不当会对农作物产生药害，轻者植株的部分组织受损、生长受阻或衰退，重者植株整株死亡，对生产的影响很大，其损失有时比病虫害所造成的损失还要大，因此药害的预防是安全用药的重要内容之一，万一使用不当产生药害，则应马上采取有效措施进行补救。

一、药害产生及其预防

（一）药害产生原因

1. 药剂原因

原药生产中有害杂质超过标准，制剂中意外地混入了有害物质，随时间变化有效成分分解成有害物质，无机的、分子量小的、含重金属的、水溶性或油溶性特强的药剂等都会对农作物造成药害。

2. 使用技术方面

剂量过大、施用不均匀、间隔时间短及重复施药，农药混用不当，在植物敏感期施药；接近施药，施药方法不当，飘移，挥发，药剂流失或渗漏，土壤残留，微生物降解物，添加剂、助剂的用量不准或质量欠佳，误用，水质不好等都会对农作物造成药害。

3. 植物方面因素

（1）不同农作物的耐药性不同，对农药的敏感程度不同，所以必须要慎重用药，否则会对农作物造成药害。

（2）环境方面的因素

高温、光照强度、湿度、沙土地、贫瘠地、有机质含量少等环境因素，都会使农作物发生药害。

（二）药害症状

药害症状有急性和慢性之分。

急性药害是施药后较短时间内出现症状，表现为药斑、花叶、褪绿、叶片黄化、落叶、落花、落果等症状；慢性药害一般在施药后 10 d、甚至更长时间才有症状表现，如植株生长衰退、整株黄化或者死亡、叶片扭曲或畸形、果实畸形或变小等（图 7-8）。

图 7-8　果实药害表现

1. 急性药害

施药后几小时至几天内植物上发生的明显异常现象。

2. 慢性药害

施药较长时间后才在植物上表现出异常现象。

3. 残留药害

农药使用后残留在土壤中的有机成分或其分解产物对植物引起的药害。

4. 二次药害

使用后对当季农作物不产生药害，而残留在植株体内的药剂可转化成对植物有毒的化合物，当秸秆还田或用植物作为绿肥或沤制有机肥而使用于农田，使后茬作物发生药害。

（三）药害预防

药害的预防，可以从以下几个方面做好工作。

一是根据农作物生长时期选择合适的农药；

二是在适宜的气候条件下施药；

三是掌握和控制好农药适宜的使用浓度；

四是合理混用农药；

五是避免使用假冒伪劣农药。

二、农药使用综合原则

（一）选择合适的农药

正确地选择农药，做到有的放矢，才能安全、经济、有效地保护农作物。

（二）选择适宜的防治时机

田地中的病、虫、草、鼠等，在不同生长时期对农药的敏感性有所不同，选择合适的时期施药能保证药剂的防治效果，延长农药的药效期。

另外，在病虫害防治时要选择适宜的防治指标，要利用作物本身的补偿能力。

（三）合理交替及混用农药

为了延缓有害生物抗药性的产生，不能连续使用同一种或同一类农药，长期连续使用同一种农药防治某种有害生物，必然使该有害生物产生抗药性。因而应选择不同作用机理的药剂交替使用或合理混用。农药的合理混用是提高防治效果、延缓抗药性的有效方法之一，但不能盲目混用。

防治有害生物只是一种手段，最终目的是要达到经济、社会及生态综合效益的最优化，所以不仅要考虑防治效果，还要注意农药对生态环境的影响、农作物中农药的残留量，以及防治费用等。化学防治仍是目前防治农作物有害生物必不可少的方法，因此在农作物的有害生物综合治理中，合理使用农药是一个必不可少的环节，而农药的优化组合是科学用药的基础，只有组合得当才能合理地使用农药，避免盲目用药、滥用农药。

第八章　主要农作物病虫害农用无人机防治技术

在掌握了无人机施用农药的基本知识后，我们还需要对各种农作物的生长特性和其生长周期，以及在生长周期内易发生的病虫害进行分析和掌握，这样才能更准确地开展病虫害防治工作。本章选取了我国种植面积较大的几种农作物，对其生长习性、生长周期、病虫害发生规律等进行分析，通过对这些知识的了解，农用无人机的操作人员就可以按照无人机操作技术要求开展农作物的病虫害防治工作。

目前，在大疆系列农用无人机中，可根据作业田块的大小、农作物种类等因素，选择合适的作业模式开展作业，在这些作业模式下，操作人员只需要按现场情况设定好各项作业参数，即可达到省时、省力、高效的目的。

第一节　水稻病虫害防治技术

水稻是我国主要的粮食作物之一，种植面积在 4.5 亿亩[①]左右，位居世界第 2 位，占全国粮食种植面积的 30%以上。水稻总产量近年保持在 1.8 亿 t 以上，居世界第 1 位，占粮食总产量的 35%以上。

---

① 1 亩≈667 m², 15 亩=1 hm²，全书同。

一、水稻种植制度

水稻的耕作制度、类型与当地的热量、水分、日照等息息相关，一般可分为一年一熟、一年两熟、一年三熟。

（一）一季稻种植区

东北三省、黄淮海平原包括河南、山东、江苏南部、安徽南部等都属于单季稻耕作类型，每年的4—5月播种，10月收割，主要的作业节点在5—9月。

（二）双季稻种植区

长江中下游地区包括湖南、江西、湖北、浙江、江苏等都属于双季稻耕作类型，存在早稻、中稻、晚稻3种种植方式。早稻生长周期为3—7月，中稻为5—10月，晚稻为7—11月，并且各地可能同时存在3种方式。多种种植方式导致此区域作业相对不集中，作业周期长，5—10月均有作业。

二、水稻在我国的种植分布情况

根据我国不同地区的地理位置和稻作制度，我国稻作区域可划分为6个稻作带。

华中湿润单、双季稻作带：位于岭南以北至秦岭以南一带，其中江汉平原、洞庭湖平原、鄱阳湖平原、皖中平原、太湖平原和里下河平原等，历来都是我国著名的稻米产区。这是我国水稻种植最为集中的区域，但是平原地形不多，田块较散。

华南湿热双季稻作带：位于岭南，包括广东、广西、福建、海南岛、中国台湾，以及云南南部地区。

东北半湿润早熟单季稻作带：位于黑龙江以南和长城以北，在这个区域内单田块面积相对较大，并且水稻种植区平原较多，这是目前国内无人机植保作业最为集中的区域。

西南高原湿润单季稻作带：位于云贵高原和青藏高原。

此外还包括华北半湿润单季稻作带、西北干燥单季稻作带，所占面积相对较小。

三、影响水稻产量的主要因素

水稻的病虫草等灾害在我国的南北方因气候原因有很大的区别，病虫害的发生频率、种类，南方明显比北方要严重许多。

四、水稻主要病害及防治

（一）水稻主要病害

水稻病害一般分为苗期病害和生长期病害。

苗期病害主要包括生理性烂秧、苗期侵染性病害。在北方粳稻区，一般常见的苗期侵染性病害有立枯病、腐烂病、恶苗病等。

生长期病害主要有纹枯病、稻瘟病、稻曲病、白叶枯病、胡麻叶斑病、干尖线虫病等。

稻瘟病、赤枯病、纹枯病是水稻上的三大主要病害，对水稻生产造成了严重的威胁，引起了巨大的损失。

（二）水稻主要病害的防治

1. 水稻主要病害的防治方法

（1）水稻稻瘟病的防治

叶瘟病和节瘟病的防治：叶瘟发生严重时容易得节瘟，因此防住了叶瘟，节瘟也就不易发生了。站在田埂上细看稻叶，发现稻瘟病斑或急性病斑就要马上打药，防治叶瘟也可兼防节瘟。

穗茎瘟、枝梗瘟和粒瘟的防治：稻茎瘟、枝梗瘟和粒瘟只能预防，如果得病后打药，对病株效果不明显，只能预防以后得病。预防穗茎瘟、枝梗瘟和粒瘟的方法是水稻个别开始出穗时打药，打早打晚效果都不好。有的年份 8 月中旬持续高温，打第 1 次药后隔 1 周左右再打 1 次药。

在水稻破口期和水稻齐穗期，是防治稻瘟病的关键时期。如果出现连续阴雨高温高湿天气，稻瘟病可能暴发，最好间隔 7～10 d，每亩喷施 100 mL 稻瘟灵防治。

每亩用 100～120 g 40%稻瘟灵+40 g 75%三环唑+20 g 25%吡唑醚菌酯兑水 8～10 kg 细雾喷雾；发病中心着重喷雾，7 d 后再用药巩固 1 次。

（2）水稻赤枯病的防治

赤枯病是一种由土壤环境不良，缺少某种营养元素或外伤后引起的生理性病害。分蘖初期酸性土壤严重缺钾时，植株矮化，叶色暗绿，呈钢青色或突然大面积在叶片上出现褐色斑点。一般缺钾的田块，如分蘖后期施氮量大，遇到低温、刮风、下雨的气候，从叶尖开始出现褐色斑点，逐渐向下发展，心叶挺直，茎易折断倒伏，有黑根。氮肥过多，水稻茎叶因养分失调出现生理性缺钾或机械损伤时，也出现细菌性褐斑病。这样的细菌性褐斑病一般出现在 7 月中旬，持续到出穗，遇低温或下雨刮风天气，从水稻的上部叶片叶缘或叶片中部出现褐色和褐色斑点，出穗时叶鞘顶部或稻粒变褐色。

碱性土壤缺锌时，移栽后 2～3 周开始从新叶中肋向外表现褪绿，逐渐黄白，叶片中下部出现小而密集的褐斑。严重时斑点扩展到叶鞘和茎，下部老叶发脆，易折断。病情严重时叶片窄小，茎节缩短，上下叶鞘重叠，根系老化，新根很少。

防治方法：缺锌的地块，每亩用 1.0～1.5 kg 硫酸锌与磷肥、钾肥一起做底肥，也可用 0.5%硫酸锌蘸根插秧。移栽后出现赤枯病，排水通气，并制成 0.2%～0.3%硫酸锌水液，每亩 30 kg 进行叶片喷施。缺钾的地块每亩施 10～15 kg 硫酸钾，生育期间的 7 月上中旬发生赤枯病，除排水通气外，要追施硫酸钾 7～

10 kg/亩。后期的叶赤枯病和出穗时出现的赤枯病。一般情况下随着成熟褐斑就消退,对产量影响不大,但影响出米率。

(3) 水稻纹枯病的防治

水稻纹枯病在水稻整个生育期均可发生为害。高温高湿是该病发生的必要条件。

药剂防治措施一般可以用噻呋酰胺、丙环唑、己唑醇、戊唑醇、氟环唑、苯醚甲环唑-丙环唑等加磷酸二氢钾和有机硅喷雾,间隔7 d连续喷施1次。

2. 水稻主要病害的防治原则

为确保水稻高产丰产,应该做好田间的农事管理工作,应遵循守时、控肥、适时用药的原则,及早及时的预防和防治病害发生。

一是要适时适度排水搁田。排水搁田应掌握并遵循的原则是:苗到不等时,时到不等苗。

二是要控制氮肥增施磷钾肥。水稻生产,如果偏迟或过量地施用化肥,极易诱发水稻三大病害。因此,要根据水稻秧苗的生长情况,适当控制化肥的用量,防止施用过量或过迟。

三是要适时用药防治病害。在抓好水肥管理的同时,还要注意加强田间检查,及时掌握水稻病害的发生情况,做到适时用药防治,抑制病害的发生发展和扩散蔓延。

五、水稻主要虫害及防治

水稻主要害虫有二化螟、三化螟、纵卷叶螟、稻飞虱、稻蓟马、稻苞虫等。水稻这些常见虫害的防治措施,要结合水肥管理,才能取得更好的效果。

(一) 二化螟

1. 为害特征

一是为害分蘖期水稻,造成枯鞘和枯心苗。

二是为害孕穗、抽穗期水稻，造成枯孕穗和白穗。

三是为害灌浆、乳熟期水稻，造成半枯穗和虫伤株。

2. 防治措施

一旦发现有二化螟，必须在水稻分蘖期做到狠治1代二化螟，这样既可保苗，又可压低下一代虫口密度。在一般年份二化螟孵化高峰后3 d内打药防治枯鞘和枯心苗；在各类型稻田的孵化始盛期到孵化高峰期用药防治虫伤株、枯孕穗和白穗。

每亩用20%杀虫双水剂、20%三唑磷乳油、50%杀螟松乳油等。

（二）三化螟

1. 为害特征

水稻孕穗期则咬食嫩穗粒，抽穗后再蛀入上部的茎节造成白穗。一般情况下，蚁螟从孵化出来到蛀入茎秆内只需20~30 min的时间。环境条件不利时，蚁螟会大量死亡。水稻在分蘖期和孕穗期最有利于蚁螟的蛀入，受害最重。圆秆和齐穗后组织器官较坚硬，蚁螟不易蛀入。

2. 防治措施

查看卵块孵化进度，以卵块孵化期为主要依据，结合考虑水稻生育期，制定合适的防治日期，一般在卵块孵化高峰前1~2 d用药。发生量大，需防治两次的，第1次在虫卵孵化始盛期用药，隔6~7 d用第2次。

每亩用18%杀虫双水剂200 mL；20%乙酰甲胺磷乳油50~60 mL；20.5%阿维菌素、三唑磷乳油60~70 mL兑水喷雾；25%啶虫脒90~120 mL、三唑磷乳油兑水喷雾等。

（三）水稻纵卷叶螟

1. 为害特征

水稻纵卷叶螟以幼虫吐丝纵卷叶片结成虫苞，幼虫躲在苞内取食上表皮及叶肉组织，留下表皮，造成白叶。受害重的稻田一片枯白，千粒重降低，瘪谷率增加，造成严重减产。

初孵幼虫至 1 龄时爬至叶尖处，吐丝缀卷叶尖或叶尖的叶缘，即"束叶期"；3 龄幼虫纵卷叶片，形成明显的白叶；3 龄后幼虫食量增加，虫苞增长；进入 4~5 龄，幼虫频繁转苞为害，被害叶片呈枯白色，整个稻田白叶累累。

2. 防治措施

可以使用甲维盐、氯虫苯甲酰胺、有机硅等混合后喷洒防治，喷洒后见效快，持效时间较长。还可以每亩用 50~75 g 30% 乙酰甲胺磷乳剂，兑水 35~60 kg 喷雾防治，效果明显。

（四）稻飞虱

1. 为害特征

稻飞虱成虫、幼虫多群聚在水稻中下部的叶鞘和茎秆上吸食和产卵，以针状的刺吸式口器插入水稻植株中吸食汁液，受害稻株茎秆上出现很多黑色或褐色斑点，叶尖褪绿变黄，并加重纹枯病的发生。严重时，稻株基部变黑、枯死、倒伏，甚至大片枯死。

2. 防治措施

噻虫嗪、吡虫啉、烯啶虫胺等与其他杀虫剂一样，都是受体激动剂，主要作用于昆虫神经，对害虫的突触受体具有神经阻断作用。

它们都具有很好的内吸和渗透活性，有触杀和胃毒作用，且广谱、低毒、低残留。

六、水稻主要草害及防治

据统计，全国稻田杂草有 200 余种，其中普遍发生且为害严重的常见杂草有 40 余种。常见杂草包括异型莎草、鸭舌草、千金子、眼子菜、野慈姑等。主要杂草当中，又以稗草发生与为害的面积最大。

（一）防治方法

除草作业分为封闭除草及茎叶除草，封闭除草一般在播种前后进行，能够大大降低杂草萌发基数，后续再根据杂草的生长情况适时安排茎叶除草。

化学除草是水稻除草最为有效的手段，水田通常采用"一封二杀三补"的除草策略。

"一封"是指在水稻播种后到出苗前，利用杂草种子与水稻种子的土壤位差，针对杂草基数较高的田块，选择一些杀草谱广、土壤封闭效果好的除草剂或配方来全力控制第1个除草高峰的出现。

"二杀"是指在水稻3叶期、杂草2~3叶期前后进行除草，此时进行作业不仅可有效防除前期残存的大龄杂草，同时还能有效控制第2个除草高峰。

"三补"是指在播后30~35 d有针对性地选择除草剂进行补杀。

先封再杀是解决杂草抗性上升、杂草发生量大的可行手段，其中，"封"的效果至关重要，理想封闭药剂的要求是安全、除草效果好、持效期长。

（二）稗草的防治

除稗草可用的农药有封闭与茎叶处理两类：封闭药主要有异丙甲草胺、丁草胺、乙草胺、丙草胺、苯噻酰、吡嘧磺隆等。茎叶处理的有禾大壮、二氯喹磷酸及盐、稻杰、双草醚（农美利）、噁唑酰草胺等。具体使用哪类可以根据实际情况选择。

第二节　小麦病虫害防治技术

一、小麦主要病害及防治

小麦作为主要的粮食作物之一，在我北方地区种植面积广阔，为此病虫害防治尤为重要，虽然现代农业技术更科学更高效，但也不能忽视任何病害，常见小麦病害有锈病、白粉病、赤霉病、霜霉病等。

小麦病害应该以预防为主：一是应根据当地气候环境来合理选择小麦抗病品种；二是在小麦种植前、中期等要科学施肥，增强小麦对常见病的抵抗能力；三是加强巡查，做好观察，病害的发生都有一定的周期和初期表现，尽早防治。

（一）小麦锈病的防治

小麦的锈病，又被称为黄疸、叶锈、秆锈等，因发病时主要为害小麦的茎、秆、叶、穗等部位而得名，对小麦的为害主要是籽粒不饱满造成减产，病害严重时则会造成小麦植株枯死。

防治方法：小麦的锈病，在发病时需要及时的喷施可湿性粉剂，如粉锈宁、粉锈宁乳油等。需要注意的是，要把控好每亩的药用量，不可过量。

（二）小麦白粉病的防治

小麦的白粉病比较容易辨别，发病时会在小麦的叶片上出现白色的发霉白斑，看上去为白色粉末状，且在触碰时会掉落。这种病会造成小麦叶子变黄，使得小麦植株变得短且稀，直接影响产量。

防治方法：发病时可用粉锈宁外加磷酸二氢钾肥料来使用，这样可以快速杀灭小麦白粉病，同时为小麦合理补充养分促使小麦恢复长势。

（三）小麦赤霉病的防治

小麦出现赤霉病时比较严重，因为它会侵染小麦整个植株，造成小麦苗、茎秆、穗等腐烂，一旦遇到雨水天气为害更大。

防治方法：一旦确定为小麦赤霉病，应立即喷施用药，可选择的杀菌剂有井冈霉素、三唑酮等，可高效快速达到病害防治目的。

（四）小麦霜霉病的防治

小麦发生霜霉病会造成小麦植株萎缩，导致穗部畸形，这样会使小麦植株矮小，严重的会导致小麦无法抽穗，对产量影响极大。

防治方法：出现霜霉病时可使用霜脲·锰锌可湿性粉剂或霜霉威盐酸盐水剂喷施进行病菌杀灭。

二、小麦的主要虫害及防治

小麦的主要虫害有小麦蚜虫、小麦吸浆虫、小麦叶螨、小麦黏虫等。

（一）小麦蚜虫

小麦蚜虫是小麦的重要害虫之一。小麦蚜虫主要集中在小麦的茎、叶、穗等部位，通过吸食该部位的汁液，影响小麦的正常生长，造成小麦减产，严重时可造成非常大的损失。

防治方法：一是要选择合适的杀虫剂，防治小麦蚜虫的药剂很多，如吡虫啉、啶虫脒、杀灭菊酯、氯氰菊酯等，以及它们的复配制剂。最好使用低毒、有内吸作用的药剂。二是要重视小麦扬花前防治，小麦蚜虫从小麦返青就开始发生，在小麦扬花后，发生量急剧上升。如果能够在扬花前全面防治一次，蚜虫的种群数量在短时间内难以恢复，基本上可以控制整个生育期的蚜虫为害。同时这个时期小麦尚未长到正常的株高，防治起来也比较容易，防治效果好，而且还可以防治小麦吸浆虫。三是增加用水量，水是药剂的载体，通过增加用水量可以将药液喷洒到小麦的各个部位。用水量不足会留下残虫，给蚜虫留下生存的空间，为以后防治增加了难度。四是小麦灌浆期使用复配制剂，在小麦灌浆期如果蚜虫发生量较大，可以使用一些复配制剂。小麦灌浆期

植株已长到正常的株高，通常不容易打透，可以用每亩用量约
50 mL 的敌敌畏与其他杀虫剂混合使用，发挥敌敌畏的熏蒸作
用，可以起到较好的防治效果。

（二）小麦吸浆虫

小麦吸浆虫是小麦的主要害虫之一，具有毁灭性，普遍出现
在世界上的小麦种植国家。小麦吸浆虫主要吸食灌浆期的小麦汁
液，造成小麦秕粒，空壳，严重时甚至可以导致小麦绝收。

防治方法：一是小麦播种前用毒土处理土壤，可有效防治土
壤中的幼虫。二是小麦吸浆虫成虫期，此时期是控制小麦吸浆虫
为害的最后一道防线，也是最难把握有利防治时间。防治时间节
点应选在小麦抽穗扬花初期，即成虫出土初期施药。每亩可选用
10~15 g 吡虫啉或 20~25 mL 2.5%溴氰菊酯，或 80%敌敌畏乳
油、40%氧化乐果乳油 100 mL，均匀加水 15~20 kg，进行低量
喷雾。如施药后一天内遇雨，要进行施药补治。

（三）小麦叶螨

小麦叶螨的为害是以成、幼虫吸食麦叶的汁液，使受害叶上
出现细小白点，然后麦叶变黄，导致麦株发育不良，植株矮小，
严重的全株干枯。

防治方法：一是在小麦苗期，即叶螨发生初期，每亩用
20%哒螨灵乳油 20~40 mL 或 40%三唑磷乳油 30~40 mL，兑水
40~50 kg 均匀喷雾。二是在小麦拔节期气温开始回升时，田间
小麦叶螨大量发生期，每亩用 73%炔螨特乳油 30~50 mL 或
1.8%阿维菌素乳油 10~20 mL 或 1.5%噻螨酮乳油 50~60 mL 等
兑水喷雾。

（四）小麦黏虫

小麦黏虫，又称五色虫、行军虫，各地发生普遍，有些年份
会暴发成灾，是小麦的一大害虫。其幼虫以食叶为害，低龄幼虫

会把叶咬成小孔或缺口，高龄期会暴食，常将叶片吃光，将穗咬断，使小麦仅剩光秆。黏虫在吃光一块麦田后，还可成群结队迁移到邻近田块为害。而且，此虫食性极杂，还可为害玉米、高粱、谷子、水稻、豆类、蔬菜等多种植物。

防治方法：在低龄幼虫期，可用 25% 灭幼脲 3 号悬浮剂 50 mL，兑水 30 kg 均匀喷雾。

在高龄幼虫期，每亩可用 20~30 mL 2.5% 氯氟氰菊酯乳油或 45% 高效氯氟氰菊酯兑水 30 kg 均匀喷雾。田间地头、路边杂草、相邻麦田都要喷到。虫龄大时要适当加大用药量。施药时间最好选在早晨或傍晚以提高防治质量。

三、小麦的主要草害及防治

小麦的主要草害是阔叶杂草和禾本科杂草两类。小麦地里的阔叶杂草容易识别，但是禾本科的野燕麦和看麦娘为害比较严重，有专门针对禾本科的小麦田除草剂。

麦田湿润的土壤环境给杂草创造了好的生长条件。麦田杂草不但与小麦争养分水分，更与小麦争阳光和生长空间，同时，一些杂草还是小麦病虫的寄生场地，极易引起病虫害的发生，会严重影响小麦产量及品质。

小麦的化学除草技术：化学除草一是要正确选用除草剂；二是要尽早施药，杂草苗龄小，耐药力差，防除效果好，喷药时期一定要在小麦拔节以前喷施，过晚喷药可能导致麦穗畸形，造成药害。

常见的禾本科杂草包括看麦娘、日本看麦娘、野燕麦、硬草、茼草、稗草、狗尾草、早熟禾、棒头草等。针对这些杂草，大家可以选择的除草剂有炔草酯、唑啉草酯、精噁唑禾草灵、甲基二磺隆等。

常见的阔叶类杂草包括播娘蒿、荠菜、猪殃殃、婆婆纳、泽漆、田紫草、蓼、藜、繁缕、宝盖草、麦瓶草、王不留行、田旋花等。针对这些杂草，大家可以选择的除草剂有苯磺隆、苄嘧磺隆、双氟磺草胺、锐超麦、麦施乐、氯氟吡氧乙酸、唑草酮、二甲四氯、2,4-D 等。此外，异丙隆、啶磺草胺等除草剂对部分禾本科杂草和阔叶类都有效果。

针对猪殃殃、播娘蒿等双子叶杂草，可用 75% 的苯磺隆，1 g/亩，兑水 50 kg 喷雾防治。

针对野燕麦、看麦娘等单子叶杂草，可用 6.9% 精噁唑禾草灵，用量为每亩 80~120 mL，兑水 50 kg 喷雾防治。

使用 75% 的苯磺隆，1 g/亩，加 6.9% 的精噁唑禾草灵，每亩 80~120 mL，混合使用，兑水 50 kg 喷雾，可防治多种杂草。

第三节　玉米病虫害防治技术

玉米是我国的主要粮食作物之一，种植面积和总产量位居第1。玉米除食用外，还是发展畜牧业的优良饲料和轻工、医药工业的重要原料。病虫害是影响玉米生产的主要灾害，常年损失6%~10%。

一、玉米的主要病害及防治

据报道，全世界玉米病害 80 多种，我国有 30 多种。目前发生普遍而又严重的病害有大斑病、小斑病、锈病、纹枯病、弯孢霉叶斑病、茎基腐病、丝黑穗病等。

（一）玉米大斑病

玉米大斑病又称条纹病、煤纹病、枯叶病、叶斑病等，是玉米的主要叶部病害，我国各地均有发生，为害较重。一般先从底部叶片开始发生，逐步向上扩展，严重时能遍及全株，但也有从中上部叶片发病的情况。受侵染的叶片上形成大型核状病斑，在田间初为水渍状青灰色或灰绿色小斑点，扩展后为边缘暗褐色、中央淡褐色或灰色的菱形及长纺锤形大斑，一般长 5~10 cm，潮湿时病斑上有明显的黑褐色霉层，严重时病斑联合纵裂，叶片枯死。

对玉米大斑病的防治，为减少病源，一是不要在田头堆放玉米秸秆，建议高温堆肥，并进行深翻冬灌，以消灭初侵染源；二是进行轮作倒茬，避免重茬，这样可以减少病菌在田间积累；三是可以适当早播，培育壮苗，注意肥水管理，氮、磷搭配使用，增强植株抗病能力；四是根据发病的传播途径，可在田间清除病残株和早期摘除下部病叶，以减少菌源。

最佳使用药物时间为发病初期，每亩用 25%苯菌灵乳油 800 倍液，或 40%克瘟散乳油 800~1 000倍液，每隔 10 d 防 1 次。

（二）玉米小斑病

玉米小斑病从苗期到成熟期均可发生，主要为害叶部，但茎部和果穗的苞叶、籽粒也可被害。叶片病斑小而多，初为褐色水渍状小点，扩大后成椭圆形或长方形约 0.5 cm 的病斑，边缘有紫色或红色晕圈。叶鞘和和果穗苞叶上的病斑一般表现为纺锤形或不规则形，黄褐色，边缘紫黑色或不明显，病部往往密生一层灰黑色的霉状物，有时引起果穗腐烂或下垂掉落，种子发黑。

该病是由真菌引起的，病原菌为半知菌亚门平脐蠕孢属平脐蠕孢菌。病原菌在病残体上越冬，为初侵染源，借风雨、气流传播，进行初侵染和再侵染。发病适宜温度 26~29 ℃。遇充足水分或高湿条件，病情扩展迅速。玉米孕穗、抽穗期降水多、湿度高，容易造成小斑病的流行。低洼地、过于密植阴蔽地、连作田发病较重。

对玉米小斑病的防治，可以通过种子处理、农业防治、药剂防治等方法。

1. 种子处理

种衣剂是由杀虫剂、杀菌剂、复合肥料、微量元素、植物生长调节剂、缓释剂和成膜剂等加工制成的药肥复合型种子处理剂，具有防除种子带菌和苗期病害等功效。种子带菌是玉米小斑病的初侵染源之一，采用种子包衣技术处理亲本种子，可以有效地减少小斑病的初侵染源，对控制小斑病的发生有一定效果。

2. 农业防治

病田应实行秋翻，使病株残体埋入地下 10 cm 以下；清除地面病株残体，把带菌残体充分腐熟，最好不用做玉米制种田。发病制种地实行大面积轮作，把病原基数压到最低限度，减少初侵染源。适时播种，抽穗期应避开多雨天气。施足底肥，适期、适量合理追肥，保证母本全期的营养供应，促进植株生长健壮，特别是必须保证拔节期至开花期的营养供应。底部病叶集中清理；出田外处理，可以压低田间菌量，改变田间小气候，从而减轻病害程度。

3. 药剂防治

在采取农业防治和种子包衣的基础上，每亩用 18.7%丙环嘧菌酯悬浮剂 50~70 mL，或 25%嘧菌酯 1 500~2 000 倍液，可达预防、治疗和铲除的效果。

（三）玉米锈病

该病是由真菌引起的，病原菌为担子菌亚门真菌玉米柄锈菌。在南方以夏孢子辗转传播、蔓延。在北方菌源来自病残体或来自南方的夏孢子及转主寄主——酢浆草，成为该病初侵染源。田间叶片发病后，病部产生的夏孢子借气流传播，进行再侵染，蔓延扩展。生产上早熟品种易发病，偏施氮肥发病重，高温、多湿、多雨、多雾的天气，因光照不足，有利于玉米锈病的流行。

玉米锈病主要侵害叶片，严重时果穗苞叶和雄花上也可发生。植株中上部叶片发病重，最初在叶片正面散生或聚生不明显的淡黄色小点，以后突起，并扩展为圆形至长圆形，黄褐色或褐色，周围表皮翻起，散出铁锈色粉末（病原菌的夏孢子）。后期病斑上生长圆形黑色突起，破裂后露出黑褐色粉末（病原菌冬孢子）。

1. 农业防治

选用抗病品种，选择生育期长的马齿型品种；根据玉米需肥种类合理施肥，重视对磷、钾肥等微肥的施用，增施磷、钾肥，避免偏施氮肥，提高农作物抗病力；加强田间管理，清除酢浆草和病残体，集中深埋或烧毁，以减少侵染源。

2. 药剂防治

在发病初期开始喷药，常用药剂有 50% 硫黄悬浮剂 300 倍液，25% 敌力脱乳油 3 000 倍液，每隔 10 d 左右喷 1 次，连续防治 2~3 次。

（四）玉米纹枯病

该病是由真菌引起的，病原菌为半知菌亚门真菌立枯丝核菌。病原菌在病残体或土壤中越冬，散落在田间的越冬菌核及病残体、未充分腐熟的带菌玉米秸秆作圈肥，是玉米纹枯病的初侵染源。春季条件适宜时病原菌萌发引起发病，再侵染是通过与邻株接触进行的。播种过密、施氮过多、湿度大、连阴雨等条件下易发病。主要发病期在玉米性器官形成至灌浆充实期，苗期和生长后期发病较轻。

玉米纹枯病主要为害叶鞘，也可为害茎秆，严重时引起果穗受害。发病初期多在基部 1~2 茎节叶鞘上产生暗绿色水渍状病斑，后扩展合成不规则或云纹状大病斑。病斑中部灰褐色，边缘深褐色，由下向上扩展。穗苞叶发病也产生同样的云纹状斑。果穗发病后秃顶，籽粒细扁或变褐腐烂。严重时根茎部组织变为灰白色，次生根黄褐色或腐烂。多雨、高湿持续时间长时，病部长出稠密的白色菌丝体，菌丝进一步聚集成多个菌丝团，形成小菌核。

1. 种子处理

用浸种灵按种子重量 0.02% 拌种后堆闷 24~48 h。

2. 农业防治

清除病残体及菌核。发病初期摘除病叶，并用药剂涂抹叶鞘等发病部位。选用抗（耐）病的品种或杂交种。实行轮作，合理密植，注意开沟排水，降低田间湿度，结合中耕消灭田间杂草。

3. 药剂防治

可选用 5% 井冈霉素水剂 1 000~1 500 倍液，每亩用量为 50~22.5 mL，兑水 22.5~30 kg 喷雾；或用 40% 菌核净 1 000 倍液喷雾。

二、玉米的主要虫害及防治

玉米地上的害虫主要有玉米螟、黏虫、蚜虫、玉米叶螨等。

（一）玉米螟

玉米螟，又叫玉米钻心虫。玉米螟在我国的年发生代数随纬度的变化而变化，1 年可发生 1~7 代。各个世代以及每个虫态的发生期因地而异。在同一发生区也因年度间的气温变化而略有差别。通常情况下，第 1 代玉米螟的卵盛发期在 1~3 代区大致为春玉米心叶期，幼虫蛀茎盛期为玉米雌穗抽丝期，第 2 代卵和幼虫的发生盛期在 2~3 代区大体为春玉米穗期和夏玉米心叶期，第 3 代卵和幼虫的发生期在 3 代区为夏玉米穗期。玉米螟对玉米的为害极大。常年春玉米的被害株率为 30% 左右，减产可达 10%，夏玉米的被害株率可达 90%，一般减产可达 20%~30%。初孵幼虫先取食嫩叶的叶肉，2 龄幼虫集中在心叶内为害，3~4 龄幼虫咬食其他坚硬组织。

药剂防治方法：在玉米心叶末期施用农药，毒杀心叶内玉米螟幼虫。药剂可用 90% 晶体敌百虫 1 000 倍液、或用 25% 杀虫双水剂 500 倍液、或用 50%敌敌畏乳油 800~1 000倍液，或氰戊菊酯乳油或 2.5%溴氰菊酯乳油 1 000~1 500倍液，使药液渗入花丝杀死在穗顶为害的幼虫。

（二）黏虫

玉米黏虫是跨区域迁飞的重大害虫，一旦达到 3 龄，食量会暴增，为害极大，防治不及时会造成严重减产甚至绝收。为害症状主要以幼虫咬食叶片。1~2 龄幼虫取食叶片造成孔洞，3 龄以上幼虫为害叶片后呈现不规则的缺刻，暴食时，可吃光叶片。大发生时将玉米叶片吃光，只剩叶脉，造成严重减产，甚至绝收。当一块田玉米被吃光，幼虫常成群列纵队迁到另一块田为害，故又名"行军虫"。一般地势低、玉米植株高矮不齐、杂草丛生的田块受害重。

防治时每亩用 50%辛硫磷乳油 75~100 g 或 40%毒死蜱乳油 75~100 g 兑水均匀喷雾。

（三）蚜虫

玉米蚜虫，俗称麦蚰、腻虫、蚁虫等。广泛分布于玉米产区，苗期以成蚜、若蚜群集在心叶中为害，抽穗后为害穗部，吸收汁液，妨碍生长，还能传播多种禾本科谷类病毒。以成、若蚜刺吸植株汁液。成、若蚜群集于叶片背面、心叶、花丝和雄穗取食、能分泌"蜜露"并常在被害部位形成黑色霉状物，影响光合作用，叶片边缘发黄；发生在雄穗上会影响授粉并导致减产；被害严重的植株的果穗瘦小，籽粒不饱满，秃尖较长。此外，蚜虫还能传播玉米矮花叶病毒和红叶病毒，导致病毒病造成更大的产量损失，同时蚜虫大量吸取汁液，使玉米植株水分、养分供应失调，影响正常灌浆，导致秕粒增多，粒重下降，甚至造成无棒"空株"。

药物防治：在玉米心叶期有蚜株率达 50%，百株蚜量达

2 000头以上时，可用50%抗蚜威3 000倍液，或40%氧化乐果1 500倍液，或50%敌敌畏1 000倍液，或2.5%敌杀死3 000倍液均匀喷雾。

（四）玉米叶螨

玉米叶螨又称玉米红蜘蛛，近年来已成为玉米生产的主要害虫。严重发生时，叶螨发生田块率非常高，一般田块有螨株率95%~100%，枯叶率40%~90%，玉米提前15 d枯死，百粒重下降，给玉米生产带来严重损失。

药剂防治：玉米叶螨的最佳防治时间应在玉米叶螨快速增长的初期防治第1次，间隔10 d根据虫情防治第2次。防治玉米叶螨有效的药剂有灭扫利乳油、5%噻螨酮乳油、20%哒螨灵乳油、73%炔螨特乳油、25%卡斯克乳油、10%虫螨腈乳油等。

三、玉米主要草害及防治

玉米地常见的杂草种类繁多，不好防治，很容易造成玉米草害。近年来，随着玉米种植面积的不断增加，玉米草害日益严重。玉米草害的主要杂草种类有稗草、苍耳、车前草、刺儿菜、打碗花、大蓟、小蓟、独行菜、反枝苋、马齿苋、铁苋菜、苣荬菜、狗尾草、空心莲子草、葎草、牛筋草、千金子、苘麻、莎草、酸浆、田旋花、香附子、鸭跖草、猪殃殃等。玉米的主要草害的防治方法如下。

（一）合理轮作

由于目前尚缺乏防除玉米田多年生禾本科杂草的苗后处理除草剂，对于禾本科杂草，特别是多年生禾本科恶性杂草，可与大豆、花生、油菜、棉花等阔叶作物轮作，在苗后用防治禾本科杂草除草剂和收获后用灭生性除草剂，将禾本科杂草有效控制后再种植玉米。

（二）玉米播种前除草

玉米播种前 2~5 d，用 50%乙草胺+38%莠去津 100 mL/亩；或 4%烟嘧磺隆 100 mL/亩；或 72%2,4-D 丁酯 100 mL/亩均匀喷洒地面，不重喷、不漏喷，漏喷、重喷率应小于 5%。

（三）播种后出苗前除草

玉米播种后 5~7 d，在玉米和杂草还未出苗之前，用 50%乙草胺+38%莠去津 150 mL/亩；或 4%烟嘧磺隆 150 mL/亩；或 72%2,4-D 丁酯 150 mL/亩进行喷洒药剂，封闭杂草的萌生。

（四）玉米苗期杂草防除

在玉米苗 3 叶 1 心时，用 50%乙草胺+38%莠去津 150~200 mL/亩；或 4%烟嘧磺隆 100~150 mL/亩；或 72%2,4-D 丁酯 60~100 mL/亩对杂草叶面进行喷洒药剂。

在实际生产中，选择农药最重要的是选择质量合格的农药，现在市场上有些产品，有效成分含量不足，如果种植户贪图便宜，用药效果肯定不会理想。

使用农药进行各类病虫草害防治，均应注意科学用药，严格按照使用说明，掌握用药时间和药量，既能提高防治效果，又能防止药害。同时还要注意用药安全，防止人畜中毒。

第四节　花生主要病虫害防治技术

花生在我国的种植分布范围虽然广泛，由于其生长发育需要一定的温度、水分和适宜的生育期，因此生产布局又相对集中。花生的生长适宜在气候温暖、雨量适中的沙质土地区，而且生长周期较长，因此，在我国，河南、山东最适合花生的种植。世界上花生种植主要分布于亚洲、非洲和美洲，这 3 个地区的花生产量占世界总产量的99%以上。

花生对土壤的要求相对较高，在花生种植的土地选择上，应选择地势较为平坦且排水能力强的沙壤土地。花生忌重茬，种过花生的土壤不适合连续栽种花生，花生种植土地最好选择连续几年都没有种过花生的地质。除此之外，土壤有机质大于1.0%，土壤的pH值要在6.5~7.5。花生的种植还对空气质量状况有一定的要求，要求空气污染指数小于1。只有同时满足这些地质条件，才有可能种出高产花生。

一、花生的主要病害及防治

（一）根腐病

根腐病在花生整个生育期均可发生。根腐病植株矮小，叶片自下而上依次变黄，干枯脱落，主根外皮变黑腐烂，直到整株死亡。该病主要靠雨水和田间传播。苗期田间积水，地温低或播种过早、过深，均易引发该病。

防治方法：用50%多菌灵可湿性粉剂按种子量的0.3%拌种。发病初期用50%的多菌灵1 000倍液全田喷雾。

（二）茎腐病

茎腐病的症状：苗期子叶呈黑褐色、干腐状，后期沿叶柄扩展到茎基部成黄褐色水浸状病斑，最后成黑褐色直至腐烂。后期发病，先在茎基部或主侧枝处生水浸状病斑、黄褐色后为黑褐色，地上部萎蔫枯死。

防治方法：用50%多菌灵按种子量的0.5%拌种。或在苗期于齐苗后用50%多菌灵1 000倍液喷雾。在开花前再喷1次。每亩用药液75~100 kg。

（三）锈病

锈病会在底叶最先开始发生，叶片产生黄色疱斑，周围同现狭窄的黄色晕圈，表皮裂开后散出铁锈色粉末，严重时叶片发黄，干枯脱落。

防治方法：发病初期用75%百菌清600倍液或25%三唑酮500倍液全田喷雾。

（四）叶斑病

褐斑病病斑圆形、暗褐色，较大，病斑外缘有黄色晕圈，后期有灰色霉状物、黑斑病病斑圆形、黑褐色，病斑周围无黄色晕圈，病斑比褐斑病小。

防治方法：用70%甲基硫菌灵可湿性粉剂或50%多硫灵可湿性粉剂1 500倍液或75%百菌清可湿性粉剂60~70 kg倍液15 d喷1次，共喷2次。

二、花生主要虫害及防治

花生的虫害主要有蚜虫、叶螨等刺吸式口器害虫；蛴螬、蝼蛄、金针虫、地老虎等地下害虫；棉铃虫、甜菜夜蛾、斜纹夜蛾、银纹夜蛾等食叶害虫。花生的主要虫害在防治时应注意不同害虫用不同的方法进行防治，不能乱用药。

（一）花生蚜虫

花生开花下针期是蚜虫为害的重要时期，此期蚜虫主要为害花萼管、果针，使花生植株矮小，叶片卷缩，严重影响开花下针和结果。由于蚜虫排出的大量"蜜露"而引起霉菌寄生，使植株茎叶发黑，甚至枯萎死亡。花生蚜虫除以上为害外，也是传播病毒病的主要媒介。

防治方法：药剂可使用10%吡虫啉可湿性粉剂或50%避蚜雾可湿性粉剂1 000~1 500倍液喷雾。

（二）花生地下害虫

花生地下害虫主要有地老虎、蛴螬。它们不仅为害期长，而且严重。常造成缺苗断垄，导致减产，是目前影响花生产量的主要害虫。地下害虫常栖息在地下活动，直接为害花生的根部和果实，隐蔽性强，防治困难。所以必须采取综合防治的方法。

第五节　大豆主要病虫害防治技术

大豆，古称菽，原产中国，在我国各地均有栽种，并且广泛栽种于世界各地。大豆是中国重要粮食作物之一，已有 5 000 年栽培历史，中国东北地区为主产区。因其种子含有丰富植物蛋白质，大豆常用来做各种豆制品、榨取豆油、酿造酱油和提取蛋白质。

一、大豆主要病害及防治

（一）大豆霜霉病

1. 为害特征

大豆霜霉病为害幼苗、叶片和籽粒。当第 1 片真叶展开后，沿叶脉两侧出现褪绿斑块。成株叶片表面呈圆形或不规则形、边缘不清晰的黄绿色星点，后变褐色，叶背生灰白色霉层。病粒表面黏附灰白色的菌丝层，内含大量的病菌卵孢子。每年 6 月中下旬开始发病，7—8 月是发病盛期，多雨年份常发病严重。

2. 防治方法

（1）农业防治

选用抗病品种，精选种子，清除病粒，实行 2~3 年轮作。

（2）药剂防治

用 40% 乙膦铝可湿性粉剂，或 25% 甲霜灵可湿性粉剂，按种子重量的 0.5% 拌种。田间发病时可用乙膦铝 300 溶液或甲霜灵 800 倍液喷洒，每亩用药液 40 kg 左右。

（二）大豆灰霉病

1. 为害特征

大豆灰霉病是常发性病害，是由大豆尾孢菌真菌侵染而发病。灰斑病主要为害大豆叶片，病斑开始呈褐色小点，以后逐渐扩展为圆形，边缘褐色，中部灰色或灰褐色，直径 1～5 mm，有时呈椭圆形或不规则形。天气潮湿时，病斑表面密生灰色霉层。发生严重时叶片上布满斑点，相互合并使叶片干枯。

2. 防治方法

方法一：亩用 50%多菌灵可湿性粉剂 100 g。

方法二：亩用 80%多菌灵超微粉 50～60 g。

方法三：亩用 70%甲基硫菌灵可湿性粉剂 80～100 g。

喷药时间要选在晴天 6：00—10：00，15：00—19：00，喷后遇雨要重喷。

（三）大豆灰斑病

1. 为害特征

大豆灰斑病主要为害成株期叶片，也可侵染幼苗、茎、荚和种子。病粒出生的幼苗子叶上出现半圆或圆形褐色病斑。成株期叶片上的病斑最初为褪绿圆斑，逐渐发展成为边缘褐色、中央灰色或灰褐色的蛙眼状斑，故又名蛙眼病。后期也可形成不规则形病斑。潮湿时叶背面病斑中央部分密生灰色霉层，为病菌的分生孢子。严重时病斑布满叶面，病斑合并，叶片枯死脱落。茎斑纺锤形或椭圆形，荚斑圆形或椭圆形，因荚上多毛，不易看到霉层。籽粒上的病斑与叶斑相似，多为圆形蛙眼状。

2. 防治方法

苗期较湿润多雨的地区，用 50%福美双或 50%多菌灵拌种，每 100 kg 种子用药 0.3 kg。

针对感病品种，生长茂密的豆田，于发病初期或荚和籽粒易感病期喷药，以控制籽粒上的病斑。常用药剂有 40%多菌灵胶悬剂或 50%多菌灵可湿性粉剂，每亩用药 100 g，或 50%甲基硫菌灵 100 g，兑水 80~100 kg 喷雾。视病情发展，间隔 7~10 d，共喷 2~3 次。

（四）大豆菌核病

1. 为害特征

大豆菌核病多从植株主茎中下部分枝处开始发病，病斑水渍状，不规则形，浅褐色或近白色，可环绕茎部并向上下蔓延，病部以上往往枯死，也可造成茎秆折断，潮湿时病部生絮状白色菌丝，其上产生黑色鼠粪状菌核，病茎髓部变空，菌核占其空间。后期干燥时茎部皮层纵向撕裂。叶片被害时呈暗青色水渍状，腐烂，有时有絮状菌丝。

2. 防治方法

病区必须避免大豆连作或与向日葵、油菜轮作或邻作。与禾本科作物轮作一年以上即有明显效果。

病田收获后应深翻，大豆封垄前及时中耕培土，注意排淤治涝。

清除种子中混杂的菌核。

菌核萌发出土后至子囊盘形成盛期，于土表喷洒 50%腐霉利可湿性粉剂，或用 50%多菌灵可湿性粉剂每亩 100 g 或 30%菌核利可湿性粉剂，但在发病后喷洒植株表面效果较差。

二、大豆的主要虫害及防治

（一）大豆红蜘蛛

红蜘蛛又叫红叶螨，被害叶面初显黄白色斑点，以后渐变成锈、褐色大斑，吐丝结网，严重时全叶变黄卷缩，枯焦，如同火烧状。

防治措施：防治红蜘蛛应选择杀螨剂，一般杀虫剂效果不好。常见杀螨剂有 1.8%、2% 阿维菌素 5 000～6 000 倍液，或 48% 毒死蜱乳油 50～100 mL/亩，或 2.5% 高效氯氟氰菊酯水乳剂 15～20 mL/亩，或 73% 炔螨特乳油 40～70 mL/亩，兑水叶面喷雾。喷雾后需达到叶片正反面均粘有药液。

（二）豆蚜虫

大豆蚜虫又名腻虫、蜜虫。是大豆上重要害虫。若虫和成虫均以刺吸式口针吸食汁液。大豆的嫩梢、茎、叶和幼荚均可受害。受害植株生长受到抑制，植株矮小，茎、叶卷曲，结荚少，籽粒质量差。

发生条件：大豆蚜虫发生期与气候条件的关系很密切。主要表现在两个阶段，一是春季在越冬卵孵化时，如雨水充沛，植株生长旺盛，营养条件好，则有利于幼蚜成活和成蚜繁殖。二是在田间大豆蚜的盛发前期，如平均气温达 22℃，平均相对湿度在 78% 以下，长期高温干旱极有利于大豆蚜的繁殖，造成花期严重为害。天敌对于抑制蚜虫的发生影响较大。如田间草蛉、食蚜瓢虫、食蚜蝇等天敌数量大，能控制大豆蚜发生为害。

防治指标：发生时有 5%～10% 植株卷叶；有蚜株超过 50%，百株量达 1 500～3 000 头。

防治方法：70% 吡虫啉水分散粒剂 15～20 g/hm^2（或 35% 吡虫啉悬浮剂 45～80 g/hm^2）＋2.5% 高效氯氟氰菊酯乳油 225 mL/hm^2。

（三）大豆苜蓿夜蛾

1. 发生规律

苜蓿夜蛾在东北一年发生 2 代，以蛹在土中越冬。东北地区 4 月下旬成虫羽化，5 月下旬于豆叶背面产卵，卵约经 7 d 孵化。幼龄幼虫吐丝将大豆顶叶卷起，潜伏其中蚕食叶肉，长大后不再卷叶，沿叶主脉暴食叶片，将叶片吃成缺刻或孔洞，甚至将叶片吃光。7月间幼虫老熟入土化蛹。7月下旬出现第2代成虫，第2代幼虫主要为害豆荚，将豆荚咬成圆孔，啃食荚内乳熟的豆粒，9月间老熟幼虫入土化蛹越冬。

2. 防治措施

（1）物理防治

虫少时，可用纱网、布袋等顺豆株顶部扫集，或利用幼虫假死性，用手震动豆株，使虫落地，就地消灭。

（2）化学防治

幼虫3龄前用21%灭杀毙乳油6 000倍液、2.5%高效氯氟氰菊酯乳油5 000倍液、2.5%联苯菊酯乳油3 000倍液等广谱杀虫剂喷雾防治。也可选用10%吡虫啉可湿性粉剂2 500倍液或5%氟啶脲乳油2 000倍液，于低龄期喷洒，隔20 d 1次，防治1次或2次。

第九章 主要果树病虫害农用无人机喷防技术

利用农用多旋翼无人机对果树进行病虫害防治，是近几年刚刚兴起的新技术。果树往往都种植在丘陵山地之上，地面崎岖不平，相对于农作物比较低矮的特征，果树一般都比较高大，而且果树个体的高低差别较大，因此农用无人机喷防作业难度较高，需要掌握较高的农用无人机的操作技术后，操作人员可在无人机的作业模式里选择果园作业模式，并在这个作业模式里设定符合现场条件的参数，然后再开始作业。

第一节 苹果病虫害防治技术

苹果能够适应大多数的气候，适合生长在山坡梯田、平原矿野、黄土丘陵等处，在南北纬35°~50°是苹果生长的最佳区域，苹果生长时需要1 000~1 600的单位热量和120~180 d的无霜冻天气。白天温暖，夜晚寒冷，以及尽可能多的光照辐射是保证品质的前提。我国的山西、山东、陕西、辽宁、河北、甘肃、四川、云南、西藏等省市都有栽培。

一、苹果的主要病害及防治

苹果树的主要病害有苹果白粉病、根腐病、褐斑病、腐烂病等。

（一）苹果白粉病

苹果白粉病是苹果常见的病害，广泛存在于我国的大部分苹果产区。尤其在渤海地区、西北地区、云南省等地发生严重。

苹果白粉病是由白叉丝单囊壳菌引起、发生在苹果上的病害。主要为害寄主叶片，染病后，苹果顶端叶片和嫩茎发生灰白色斑块，像覆盖了一层白粉。严重时病叶卷曲萎缩。新梢被害后，展叶迟缓，抽生新叶细长，呈紫红色。大树染病时，病芽在春季萌发较晚，抽出的新梢和嫩叶整个被覆盖上一层白粉，新梢节间短，叶片狭长，叶缘向上，质地硬脆。发病时新梢被害率高达70%~80%。

白粉病的发生与气候条件关系密切，喜湿怕水，高温干旱天气极易发生病害，春季高温干旱的年份会加剧病害前期的流行。对果园疏于管理，也会让病害严重。

苹果白粉病的防治要以农业防治和化学防治相结合。农业防治时，应该结合冬季修剪剪除病枝，注重增强树势，冬季和早春剪除病梢，以减少越冬病原。休眠期修剪应注意去除发病芽，发病严重的果树要进行重剪，以降低带菌量。同时需加强田间管理，再结合化学药剂防治。化学药剂防治方法具体如下。

苹果树萌芽前，建议使用5°Bé的石硫合剂。苹果花芽露红时喷第1次药，发病严重的果园落花后10~15 d喷第2次药。常用药剂有15%三唑酮可湿性粉剂1 500~2 000倍液、12%烯唑醇可湿性粉剂2 000~2 500倍液、25%己唑醇悬浮剂2 000倍液。

花前及花后各喷1次杀菌剂。防治苹果白粉病有效的药剂有70%甲基硫菌灵可湿性粉剂800倍液；50%多菌灵可湿性粉剂1 000倍液；15%三唑酮可湿性粉剂1 000倍液。

（二）苹果根腐病

苹果根腐病的病菌系土壤习居菌，即尖孢镰刀菌，茄属镰刀菌，弯角镰刀菌。这些病菌在土壤中大量存在并长期进行腐生生活，也可寄生于果树根部，并且表现弱寄生，就是当树势强健时几乎不发病，只有当树势衰弱时才可能发病。

根腐病菌从早春根部开始萌动即可在根部为害，地上部要到发芽展叶后才表现。病菌首先为害根毛、小根再蔓延至大根，病初先在须根基部形成红褐色圆斑，病部皮层腐烂再扩大至整段根变黑死亡。病轻时，病根可反复产生愈伤组织和再生新根。地上部由于受多种因素影响而表现出不同的症状类型。

苹果根腐病主要有圆斑根腐病、紫纹羽病、白绢病、白纹羽和根朽病5种。它们大多发生在老果园、滩地或土质黏重、排水不良或者干旱缺肥、土壤板结、水肥易流失、大小年现象严重及管理粗放的果园。另外，其他病虫害为害重的果园根腐病发生也严重。根腐病是一种分布最广、为害最重的烂根病。可广泛地寄生在苹果植株上造成为害。防治措施如下。

第一，增施有机肥或使用抗生菌肥及饼肥。

第二，晾根，灌药杀菌，挖出根系后使用中草药杀菌剂200~300倍加生根剂300倍加上大蒜油1 000倍加上有机硅进行灌根，重点在毛细根区和树茎基部，以灌透为目的，药液渗完后薄覆表土。树龄小于3年，1瓶灌10~20株；树龄大于3年，1瓶灌5~10株；老、弱树1瓶灌3株。切除病根，消毒晾根，换上新土。

第三，及时排出积水，合理灌溉，防止果园土壤过干或过湿。

第四，扒开土壤，刮治病部或截除病根。

第五，喷施叶面肥，补充营养。

（三）苹果褐斑病

苹果褐斑病又称绿缘褐斑病，是由苹果双壳菌侵染所引起的、发生在苹果上的一种病害。主要为害叶片，其次是果实和叶柄。苹果褐斑病在中国各苹果产区都有发生。苹果褐斑病是苹果树早期落叶病的一个主要病害，也是苹果树落叶最普遍、最严重的一种病害。苹果褐斑病发生后，导致苹果树早期落叶，减少了苹果树的光合作用，造成营养不足，树势衰弱、果实小、果实黑点病较多，直接影响果品产量和品质，减少了果农的经济效益。

药剂防治，药剂可选择丙环唑、宁南霉素、戊唑醇、农抗120、多抗霉素等，喷药时要兼顾叶片背面、树体内膛及树冠下部叶片，力求均匀周到。

在发病前使用药剂预防，可选用80%代森锰锌可湿性粉剂1 000倍液，70%丙森锌可湿性粉剂600~800倍液，80%超威多菌灵可湿性粉剂1 000倍液，68.75%易保1 200倍液等。

发病初期与积累期，交替使用内吸性治疗剂控制。可用40%氟硅唑乳油8 000倍液，40%腈菌唑可湿性粉剂8 000倍液，62.25%腈菌唑+代森锰锌可湿性粉剂600倍液等，也可选用43%戊唑醇悬浮剂3 000倍液（注意：戊唑醇一年内最多用2次，否则会产生药害）。

盛发期处理，除以上内吸性治疗剂外，还可在8—9月对已套袋的果园喷洒1~2次波尔多液，或多宁，或必备，保护叶片，波尔多液的配比为1（硫酸铜）:（1.5~2）（生石灰）:（160~200）（水）。

（四）苹果腐烂病

苹果树腐烂病又称苹果腐烂病，俗称串皮湿、臭皮病、烂皮病，是由苹果黑腐皮壳菌侵染所引起的、发生在苹果树上的病害。主要为害结果树枝干、果实，也可为害幼树和苗木。苹果树腐烂病的发生可导致苹果树整体树势凋零、树主干和枝干枯萎死亡、最后整株死树，直至整个果园毁灭。

防治苹果树腐烂病需要从苗期和幼树期开始，保护树体不受病菌侵染；当树体受侵染或发病后，应及时铲除带菌组织，防止病菌生长、繁殖和积累；同时，保持健旺树势，防止潜伏病菌扩展致病。

苹果树腐烂病的防治工作应该从以下方面展开：加强园区栽培管理，提高树体抵抗力，适时适量喷药，刮除病部，保持卫生，适时适量施肥灌溉等。按照防治性质划分，苹果树腐烂病的防治方法可分为农业防治、生物防治和化学防治。化学防治方法介绍如下。

刮除病斑后表面要涂 10°Bé 石硫合剂，或 5% 田安水剂 5 倍液，或菌立灭 2 号 50~100 倍液，或果康宝 50~100 倍液。为防止复发，一是要连续涂药，一般保护性药剂应每月涂 1 次，连续涂药 4~5 次；二是要尽量采用渗透性较强的药剂或内吸性药剂，如菌立灭、果康宝等。

二、苹果的主要虫害及防治

苹果树的主要虫害有叶螨类、蚜虫、介壳虫、金纹细蛾、卷叶蛾和金龟子等。

（一）苹果叶螨

苹果叶螨又称苹果全爪螨、苹果红蜘蛛、榆全爪螨。为害方式和山楂叶螨相似，区别在于苹果叶螨成、若虫多在叶片正面刺吸叶液，为害叶片出现黄白色小斑点，严重时叶片呈现黄褐色。除受害特别严重外，一般不提早落叶。常与山楂叶螨混合发生。

叶螨类的天敌种类很多，主要有天敌昆虫、捕食螨及微生物三类，对害螨起着重要的作用。但应注意在经常喷施化学农药的果园，尤其是剧毒广谱杀虫剂的使用，虽然消灭了大量叶螨，同时也杀死了大量天敌，剩余的叶螨在失去天敌控制的条件下，一旦气候适宜，数量又会急剧上升，而天敌数量却难以恢复，最终导致叶螨猖獗。因此应尽量减少杀虫剂的使用次数或使用不杀伤天敌的药剂，以保护天敌，特别是花后大量天敌相继上树，如不喷药杀伤，天敌往往可把害螨控制在经济允许水平以下，如果个别苹果树发生严重，平均每叶达 5 头时，应进行"挑治"，防止普遍施药而大量杀伤天敌。防治方法如下。

发芽前喷药。发芽前结合防治其他害虫，可喷施 5°Bé 石硫合剂或 45% 晶体石硫合剂 20 倍，含油量 3%～5% 的柴油乳剂，特别是刮皮后施药效果更好。

当叶螨为害严重时，虫子密度达到喷药防治指标时，可喷药防治，药剂可选择炔螨特乳油、哒螨灵乳油、噻螨酮乳油、柴·哒乳油、丁醚脲悬浮剂、硫悬浮剂及阿维菌素乳油等。

需要注意的是，不同类型的杀螨剂要交替使用，以延缓叶螨抗药性的产生，同时，在喷药防治时，一定要注意喷药时要均匀周到，特别注意需要注意内膛叶背均需喷药。

（二）苹果蚜虫

蚜虫，又称腻虫、蜜虫，是一类植食性昆虫，包括蚜总科下的所有成员。已经发现的蚜虫总共有 10 个科 4 400 多种。蚜虫在世界范围内的分布十分广泛，但主要集中于温带地区。蚜虫也是地球上最具破坏性的害虫之一。其中大约有 250 种是对于农林业和园艺业为害严重的害虫。蚜虫的大小不一，身长 1～10 mm。药物防治方法介绍如下。

发现大量蚜虫时，及时喷施农药。用 50% 马拉硫磷乳剂 1 000 倍液，或 2.5% 溴氰菊酯乳剂 3 000 倍液，或 50% 溴螨酯、25% 三唑锡 1 000 倍液，或 50% 抗蚜威可湿性粉剂 3 000 倍液，或 50% 溴螨酯、25% 三唑锡 1 000 倍液，或 2.5% 灭扫利乳剂 3 000 倍液，或 40% 吡虫啉水溶剂 1 500～2 000 倍液等，喷洒植株 1～2 次；用（1∶8）～（1∶6）的比例配制辣椒水（煮 0.5 h 左右），或用 1∶20∶400 的比例配制洗衣粉、尿素、水混合溶液喷洒，连续喷洒植株 2～3 次；或用（1∶30）～（1∶20）的比例配制洗衣粉水喷洒。对于蚜类本身披有蜡粉的蚜虫，施用任何药剂时，均应加入1%肥皂水或洗衣粉，以增加药水的黏附力，提高防治效果。

（三）苹果介壳虫

介壳虫是果树上的一类重要害虫，常见的有红圆蚧、褐圆蚧、康片蚧、矢尖蚧和吹绵蚧等。介壳虫为害叶片、枝条和果实。其分布地区极为广泛，其中以热带、亚热带地区为多。

在早春树液开始流动以后，介壳虫便开始取食，雌成虫产卵后，经数日便可孵化出无蜡质介壳的可移动的小虫，为初孵幼虫。幼虫在观赏植物上爬行，找到适宜的处所后，便把口器刺入花木植物体内，吸取汁液，开始固定生活，使寄主植物丧失营养并大量失水。受害叶片常呈现黄色斑点，日后提早脱落。幼芽、嫩枝受害后，生长不良常导致发黄枯萎。介壳虫在为害观赏植物的同时，有的还大量排出蜜露，因而导致烟煤病发生，使叶片不能进行光合作用，受害严重的植株，树势衰退，最后全株枯死。化学防治方法如下。

1. 休眠期防治

在果树休眠期，喷洒 3~5.5°Bé 石硫合剂，对介壳虫有较好的防治效果，并可兼治蚜虫和叶螨。

2. 生长期防治

应抓住 2 个关键防治时期，初龄若虫爬动期或雌成虫产卵前是第 1 个防治适期，卵孵化盛期是第 2 个防治适期，选用低毒的选择性杀虫剂进行防治。如"邯科 140"1 000 倍液、毒死蜱 600 倍液、催杀 800 倍液等。

根据介壳虫的各种发生情况，在若虫盛期喷药。因此时大多数若虫多孵化不久，体表尚未分泌蜡质，介壳更未形成，用药仍易杀死。每隔 7~10 d 喷 1 次，连续 2~3 次。可用 40%氧化乐果 1 000 倍液，或 50%马拉硫磷 1 500 倍液，或 255 亚胺硫磷 1 000

倍液，或 2.5%溴氰菊酯 3 000 倍液，喷雾。保护和利用天敌：例如，捕食吹绵蚧的澳洲瓢虫、大红瓢虫；捕食寄生盾蚧的金黄蚜小蜂、软蚧蚜小蜂、红点唇瓢虫等都是有效天敌，可以用来控制介壳虫的为害，应加以合理地保护和利用。

当介壳虫发生量大、为害严重时，药剂防治仍然是必要的手段。冬季可喷施 1~10 倍的松脂合剂或 40~50 倍的机油乳剂消灭越冬代雌虫；在冬、春季发芽前，喷石硫合剂或 3%~5%柴油乳剂消灭越冬代若虫；在若虫孵化盛期，用 40%氧化乐果乳油、40%速扑杀乳油或 40.7%乐斯本乳油与 80%敌敌畏乳油按 1∶1 比例混合成的杀虫剂 1 000~1 500 倍液，连续喷药 3 次，交替使用，均有良好效果。

（四）苹果金纹细蛾

金纹细蛾是鳞翅目细蛾科的一种昆虫。寄主有苹果、梨、桃、沙果、山楂等，以为害苹果类果树为主，因分布广泛，近些年有日趋发展之势，可造成严重灾害，严重时果园被害率 100%，每叶平均有虫斑 4 块以上，7 月下旬叶片即大量脱落。

金纹细蛾一年发生 4~5 代，越冬代在 4 月中下旬，第 1 代发生在 6 月上中旬，第 2 代发生在 7 月中旬，第 3 代发生在 8 月中旬，第 4 代发生在 9 月下旬。金纹细蛾的发生与品种和树体小气候密切相关。

发生严重的果园应重点抓第 1、2 代幼虫防治。药剂可选喷洒 20%灭幼脲 1 号（除虫脲）悬浮剂 3 000~6 000 倍液，或 5%灭幼脲 3 号（苏脲 1 号）胶悬剂 1 500~2 000 倍液，或 20%氟幼脲胶悬剂 4 000~8 000 倍液。还可选喷 28%硫氰乳油 500~2 000 倍液，或 50%杀螟硫磷乳油 1 000~1 500 倍液，或 30%灭蛾净乳油 600~1 400 倍液，或 2.5%氯氟氰菊酯乳油 1 500~2 000 倍液，或 30%桃小灵乳油 1 000~1 500 倍液，或 40%水胺硫磷乳油

1 000~1 500倍液，或福将（10.5%甲维·氟铃脲）水分散粒剂
2 000~2 500倍液喷雾。

（五）苹果卷叶蛾

卷叶蛾是一种昆虫，成虫身体小，前翅宽。幼虫吃植物叶片，或钻进果实里面吃果实，有的把叶片卷成筒状，在里面吐丝做茧。为害果树和其他农作物。通称卷叶虫。

常发生在春夏季，为害植株的小叶。卷叶蛾的幼虫咬食新芽、嫩叶和花蕾，仅留表皮呈网孔状，并使叶片纵卷，潜藏叶内连续为害植株，严重影响植株生长和开花。

防治方法：卷叶蛾成虫对糖、醋有较强的趋性，成虫白天隐蔽在叶背或草丛中，夜间活动。发生少量时可人工摘除卷叶，将虫体捏死。在幼虫发生期，可用75%辛硫磷1 000倍液喷杀幼虫（最好在晚上使用）或90%敌百虫原药1 000倍液喷杀。在成虫发生期，利用糖醋液进行诱杀。用糖5份、醋10份、酒5份、水80份配成，然后将糖醋液装入瓶内，挂在盆栽秋海棠周围即可。

（六）苹果金龟子

金龟子是鞘翅目金龟总科的通称。其幼虫（蛴螬）是主要地下害虫之一，为害严重，常将植物的幼苗咬断，导致枯黄死亡。多种成虫又是农作物、林木、果树的主要害虫之一，因此，了解和掌握其生物学特性，对控制金龟子的为害，确保农、林业增产是至关重要的。

药物防治：在果树吐蕾、开花前喷洒防治用3%高效氯氢菊酯微囊或2%噻虫啉微囊500~600倍液。用竹签插孔，再用75%辛硫磷乳油、90%敌百虫，兑水1 000倍灌注，直达到幼虫潜伏深度，效果良好。

第二节　梨树病虫害防治技术

在我国，梨树的栽培面积和产量仅次于苹果。梨树对土壤的适应能力很强，不论山地、丘陵、沙荒、洼地、盐碱地，还是红壤，都能生长结果，但结出果实的品质会有所不同。在一般栽培管理条件下，就可获得较高产量。

一、梨树的主要病害及防治

梨树在生长期间常见的病害有很多，其中病害严重的有梨黑星病、梨锈病。在梨树休眠期间，还可能会感染白粉病、腐烂病、叶斑病等。

（一）梨黑星病

梨黑星病又称疮痂病、梨雾病、梨斑病，是由梨黑星病菌侵染所引起的、发生在梨树上的主要病害。梨黑星病能侵染一年生以上枝条的所有绿色器官，包括叶片、果实、叶柄、新梢、果台、芽鳞和花序等部位，主要为害叶片和果实。梨黑星病发病后，引起梨树早期大量落叶，幼果受害呈畸形，不能正常膨大，同时病树翌年结果减少。梨黑星病在世界各地均有发生，在我国河南、山东、河北、山西等梨产区受害最严重，常会造成重大经济损失。

梨黑星病的防治方法主要以农业防治和化学防治为主。首先加强果园栽培管理，最后在发病的不同时期结合化学药剂进行防治。

萌芽期：病芽是该病菌最重要的越冬场所，芽萌动时喷洒有效药剂，可以杀灭病芽中的部分病菌，降低果园中的初侵染的菌量。40%福星等内吸性杀菌剂对梨黑星病有较好的防治效果。

幼叶幼果期：梨树落花后，由于叶片初展，幼果初成，正处于高度感病期；如果阴雨较多，条件适宜，越冬的黑星病菌将向幼叶及幼果转移，导致幼叶及幼果发病。这个时期是药剂防治的第1个关键时期，一般年份和地区，从初见病梢开始喷药，麦收前用药3次，即5月初、5月中下旬及6月上中旬。

成果期：7月中下旬以后，果实加速生长，抗病性越来越差，越接近成熟的果实，越易感染黑星病。因此，采收前30~45 d内，必须抓紧药剂防治，防治果实发病或带菌，保证丰产丰收。根据当年的气候条件，一般需喷药3~4次，采收前7~10 d，必须喷药1次。

（二）梨锈病

梨锈病又称赤星病、羊胡子，是由梨胶锈菌侵染所引起的、发生在梨上的病害。梨锈病是梨树重要病害，我国各地都有发生。梨锈病主要为害叶片和新梢，严重时也为害幼果、叶柄和果柄。侵染叶片后，在叶片正面表现为橙色、近圆形病斑，病斑略凹陷，斑上密生黄色针头状小点，叶背面病斑略突起，后期长出黄褐色毛状物。果实和果柄上的症状与叶背症状相似，幼果发病能造成果实畸形和早落。在严重年份，个别梨园梨树感病品种的病叶率在60%以上。病害的轻重与春季风向及梨园与桧柏的距离有密切的关系。化学防治方法如下。

在梨树上喷药，应掌握在梨树萌芽期至展叶后25 d内，即病菌孢子传播侵染的盛期进行。一般梨树展叶后，如有降雨，并发现桧柏树上产生冬孢子角时，喷1次20%三唑酮乳油1 500~2 000倍液，或2~3°Bé石硫合剂、1：2：（100~160）倍式波尔多液，隔10~15 d再喷1次，可基本控制锈病的发生。若控制不住，必须追加20%氟硅唑·咪鲜胺800倍液，若防治不及时，可在发病后叶片正面出现病斑（性孢子器）时，选用20%三唑酮乳油1 000倍液+20%氟硅唑·咪鲜胺800倍液，可控制为害，起到很好的治疗效果。

也可在梨树发芽后开花前和落花后各喷药1次，选用25%苯醚甲环唑乳油7 000~8 000倍液（落花后慎用）、40%腈菌唑可湿性粉剂7 000~8 000倍液、10%氟硅唑1 200~1 500倍液、30%醚菌酯悬浮剂2 000~3 000倍液、25%戊唑醇水乳剂2 500~3 000倍液、50%粉唑醇可湿性粉剂2 000~2 500倍液、5%已唑醇悬浮剂1 000~2 000倍液、25%丙环唑乳油1 500~2 000倍液、12.5%烯唑醇可湿性粉剂2 000~2 500倍液等喷雾防治。

或选用混配剂，如20%三唑酮乳油800~1 000倍液+75%百菌清可溶性粉剂600倍液、65%代森锌可湿性粉剂500~600倍液+40%氟硅唑乳油8 000倍液、20%萎锈灵乳油600~800倍液+65%代森锌可湿性粉剂500倍液等喷雾防治。

注意开花期不能喷药，以免产生药害。

二、梨树的主要虫害及防治

梨树常见的虫害主要有梨木虱、梨黄粉蚜。

（一）梨木虱

梨木虱，属半翅目木虱科，是我国梨树主要害虫之一，以幼、若虫刺吸芽、叶、嫩枝梢汁液进行直接为害，梨木虱成虫一般不为害，只产卵，产卵后迅速死亡。幼、若虫分泌黏液，招致杂菌，使叶片造成间接为害出现褐斑而造成早期落叶，同时污染果实，严重影响梨的产量和品质。若虫扁椭圆形，浅绿色，复眼红色，翅芽淡黄色，突出在身体两侧。成虫分冬型和夏型，冬型体长2.8~3.2 mm，体褐色至暗褐色，具黑褐色斑纹；夏型成虫体略小，黄绿色，翅上无斑纹，复眼黑色，胸背有4条红黄色或黄色纵条纹。卵长圆形，一端尖细，具一细柄。

北方发生为害的梨木虱为中国梨木虱，在北方各梨产区均有发生，个别年份为害非常严重，常造成叶片干枯和脱落，果实失去商品价值。我国梨木虱以若虫为害为主。幼虫多在隐蔽处为害，开花前后幼虫多钻入花丛的缝隙内取食为害，若虫有分泌黏液、蜜露或蜡质物的习性，虫体可浸泡在其分泌的黏液内为害，其分泌物还可借风力将两叶黏合在一块，若虫居内为害，若虫为害处出现干枯的坏死斑。雨水大时其分泌物滋生黑霉污染，果面和叶面成黑色。化学防治方法如下。

一是在2月中旬越冬成虫出蛰盛期时喷药，可选用1.8%爱福丁乳油2 000~3 000倍液，5%阿维虫清5 000倍液等。

二是在第1代若虫发生期（约谢花3/4时）用10%吡虫啉2 000倍液+灭扫利2 000倍液液喷雾。

三是在5—9月喷施10%吡虫啉2 000倍液+1.8%阿维菌素3 000倍液+百磷3号1 300倍液+0.1%洗衣粉，效果显著。

（二）梨黄粉蚜

梨黄粉蚜，我国各主要梨产区都有分布。此虫食性单一，目前所知只为害梨，尚没有发现其他寄主植物。成虫和若虫群集在果实萼洼处为害繁殖，虫口密度大时，可布满整个果面。受害果萼洼处凹陷，以后变黑腐烂。后期形成龟裂的大黑疤。套袋果经常是果柄周围至胴部受害。

黄粉虫是套袋梨园中较为严重的一种害虫，主要为害果实。梨果受到黄粉虫的侵害时先是出现黄色稍凸病斑，随着为害的加重逐渐变黑并向四周扩大，最终形成龟裂的大黑疤，或者导致果实脱落，对果实品质及产量造成严重的影响。

梨黄粉蚜喜阴忌光，多在背阴处栖息为害。成虫活动力差、传播途径主要靠梨苗输送、转移等方式。但在温暖干燥的环境中如气温为19.5~23.8℃，相对湿度为68%~78%时，活动猖獗，高温低湿或低温高湿都对梨黄粉蚜活动不利。在不同品种中受害程度也有差异，无萼片的梨果受害轻于其他梨果，老树受害重于幼树，地势高处较地势低处受害率轻。

防治方法：梨果被害时可喷施40%氧化乐果乳油1 500倍液

混配20%灭扫利或S-氰戊菊酯乳油8 000倍液。

第三节　桃树病虫害防治技术

中国是桃树的故乡。公元前十世纪左右，《诗经·魏风》中就有"园有桃，其实之淆"的句子。《魏风》所指系今日黄河以北以及山西广大地区，园中种桃，自然是人工栽培的，植桃为园，则表明已有一定的种植规模。其他古籍如《管子》《尚书》《韩非子》《山海经》《吕氏春秋》等都有关于桃树的记载，表明在远古时期，黄河流域广大地区都已遍植桃树。《礼记》中还说当时已把桃列为祭祀神仙的五果（桃、李、梅、杏、枣）之一。

一、桃树主要病害及防治

我国桃树病害90余种，其中以褐腐病、缩叶病、炭疽病、细菌性穿孔病、流胶病、腐烂病和根癌病发生较为普遍。褐腐病、缩叶病、细菌性穿孔病是我国大部分桃区的重要病害，严重影响树势和产量。桃锈病、白绢病、灰霉病和干枯病在局部地区发生严重，造成一定程度的经济损失。

（一）桃锈病

桃树锈病的病原为单胞锈菌，主要以冬孢子随同桃树病残体留在地上越冬。冬孢子萌芽生长时产生菌丝和小孢子，小孢子侵入桃树形成初侵染。叶片初生黄白色的小褐斑点，稍突起后，逐渐扩大，成黄褐色斑点，表皮破裂散出红褐色粉状物质。夏孢子堆多发生在叶子背面，严重时也发生在叶正面上。桃树叶片染病后，光合作用能力减退，桃树挂果后，会自然脱落，或者果子生长细小且多为畸形，品质下降，影响产量。

桃树锈病的防治，应在发病期间，清除病残体，消灭越冬菌源。可以使用50%萎锈灵粉剂1 000倍液，或者使用20%三唑酮1 500~2 000倍液，或者使用70%的甲基硫菌灵粉剂1 000倍液，或者使用65%代森锌粉剂500倍液，或者使用50%的多菌灵800~1 000倍液，叶面喷雾，每隔7 d喷1次，连喷2~3周。还有三唑酮最有效果，用5 000~10 000 mg/L溶液喷雾。

（二）桃白绢病

白绢病通常发生在苗木的根茎部或茎基部。感病根茎部皮层逐渐变成褐色坏死，严重的皮层腐烂。苗木受害后，影响水分和养分的吸收，以致生长不良，地上部叶片变小变黄，枝梢节间缩短，严重时枝叶凋萎，当病斑环茎一周后会导致全株枯死。在潮湿条件下，受害的根茎表面或近地面土表覆有白色绢丝状菌丝体。后期在菌丝体内形成很多油菜籽状的小菌核，初为白色，后渐变为淡黄色至黄褐色，以后变茶褐色。菌丝逐渐向下延伸及根部，引起根腐。有些树种叶片也能感染病菌，在病叶片上出现轮纹状褐色病斑，病斑上长出小菌核。

防治方法：在发病初期可用稀释800~1 000倍的丰洽根保，或用稀释600~800倍的1%硫酸铜液浇灌病株根部，或用25%萎锈灵可湿性粉剂50 g，兑水50 kg，浇灌病株根部；也可每亩用20%甲基立枯磷乳油50 mL，兑水50 kg，每隔10 d左右喷1次。

（三）桃灰霉病

灰霉病是露地、保护地作物常见且比较难防治的一种真菌性病害，属低温高湿型病害，病原菌生长温度为20~30 ℃，温度20~25 ℃、湿度持续90%以上时为病害高发期。灰霉病由灰葡萄孢菌侵染所致，属真菌病害，花、果、叶、茎均可发病。果实染病，青果受害重，残留的柱头或花瓣多先被侵染，后向果实扩展，致使果皮呈灰白色，并生有厚厚的灰色霉层，呈水腐状，叶片发病从叶尖开始，沿叶脉间成"V"形向内扩展，灰褐色，边有深浅相间的纹状线，病键交界分明。该病害是一种典型的气传病害，可随空气、水流及农事作业传播。防治方法如下。

1. 预防用药

以早期预防为主，掌握好用药的 3 个关键时期，即苗期、初花期、果实膨大期。

苗期：定植前在苗床用药，可选择对苗生长无影响的药剂或消毒剂，例如腐霉利、甲基硫菌灵、异菌脲等进行喷施，同时选择无病苗移栽。

初花期：第 1 穗果开花时，谨慎用药，选择 50%异菌脲或20%嘧霉胺兑水喷雾，5~7 d 用药 1 次，进行预防。

果实膨大期：在浇催果水（尤其在浇第 1 穗、第 2 穗果催果水）前一天用异菌脲、腐霉利、嘧霉胺、腐霉·福美双等喷雾防治，5~7 d 用药 1 次，连用 2~3 次。

2. 治疗用药

灰霉病初发时一般仅表现在残败花期及中下部老叶，此时使用 50%异菌脲按 1 000~1 500 倍液稀释喷施，5 d 用药 1 次；连续用药 2 次，即能有效控制病情，使病害症状消失（病部干枯、无霉层），一般 7~10 d 不再表现为害症状，7 d 后外部侵染源及原残留病菌在条件具备时仍可能繁殖，形成再次病害，此时采用预防方案用药，具体为：使用 41%聚砹·嘧霉胺按 1 000 倍液稀释喷施，5~7 d 用药 1 次，间隔天数及用药次数根据植株长势和预期病情而定。

发病中后期，在灰霉病发病中期，有较多的病叶、病果，且少数病枝出现病害症状，此时病菌得到初步繁殖，菌量较多，一般防治不利、不及时，将会进入迅速蔓延阶段。此时采取药剂治疗与物理防治相结合的综合方法。物理防治是摘除病果及严重病叶、病枝等，以减少病菌存量。然后按照病害初起时治疗方法进行防治。喷药时，做到三要：一是湿度高有地方要重点喷；二是中心病株周围的植株要重点喷；三是植株中、下部叶片及叶的背面要重点喷。按照药剂与物理防治相结合的防治方法，一般连用2~3次能有效控制病情，即使病害症状消失。如41%聚砹·嘧霉胺水乳剂800倍液+10~15 g或碧秀丹（氯溴异氰尿酸）30 g或丙环唑10 mL或40%腐霉利可湿性粉剂15~20 g或乙霉多菌灵20 g，兑水15 kg，3~5 d喷药1次。

（四）桃干枯病

桃干枯病主要为害定植不久的幼树，多在地面以上10~30 cm处发生。春季在上年1年生病梢上形成2~8 cm长的椭圆形病斑，这些病斑多沿边缘纵向裂开而下陷，与树分离，当病部老化时，边缘向上卷起，致病皮脱落，病斑环绕新梢一周时，出现枝枯，病斑上产生黑色小粒点，即病菌分生孢子器。湿度大时，从器中涌出黄褐色丝状孢子角。病斑从基部开始变深褐色，向上方蔓延，病斑红褐色。若病斑环茎一周，则可致幼树死亡。药剂防治方法如下。

刮除病斑后，涂果康宝20倍液，或843康复剂原液。以防止复发和促进新皮的生长。

在病菌孢子释放期，喷40%多菌灵WP 500倍液，或50%混杀硫SC 500倍液，或36%甲基硫菌灵SC 500倍液，或50%苯菌灵WP 1 500~2 000倍液。每半个月喷1次，可消除干枯病越冬菌。

二、桃树的主要虫害及防治

桃树的病虫害种类虽然很多，但各地能造成较大为害的病虫害种类也是有限的。目前各个桃产区较为普遍发生为害桃树的害虫有桃蚜、桃蛀螟、潜叶蛾、红蜘蛛、桑白蚧、红颈天牛等。

（一）桃蚜

桃蚜是广食性害虫，寄主植物有70多科280多种。桃蚜转

农用无人机操作与植保技术

主寄生，其生活周期为，冬寄主（原生寄主）植物主要有桃、梨、李、梅、樱桃等蔷薇科果树等；夏寄主（次生寄主）作物主要有白菜、甘蓝、萝卜、芥菜、芸薹、芜菁、甜椒、辣椒、菠菜等多种作物。桃蚜是甜椒栽培的主要害虫，又是多种植物病毒的主要传播媒介。桃蚜生活周期短、繁殖量大、除刺吸植物体内汁液，还可分泌蜜露，引起煤污病，影响植物正常生长；更重要的是传播多种植物病毒。成虫和若虫在叶片、嫩茎、花梗等部位吸食植物体内的汁液，并传播多种重要病毒。为害叶片时，多在叶片背面为害，严重时叶片变黄、皱缩。

药剂防治方法：药剂防治是目前防治蚜虫最有效的措施。实践证明，只要控制住蚜虫，就能有效地预防病毒病。因此，要尽量把有翅蚜消灭在迁飞之前。喷药时要侧重叶片背面。喷洒50%马拉硫磷乳油1 500倍液，或80%敌敌畏乳油1 500倍液，或50%辛硫磷乳油1 500倍液，或40%乐果乳油1 000倍液，或10%二氰苯醚酯乳油5 000倍液，或50%二嗪磷乳油1 000倍液，或2.5%溴氰菊酯乳油3 000倍液，或50%杀螟硫磷乳油1 000倍液，或40%乙酰甲胺磷乳油1 000倍液，或20%氰戊菊酯乳油4 000倍液，或10%氯氰菊酯乳油4 000倍液等。

（二）桃蛀螟

桃蛀螟，也称桃蛀野螟。幼虫俗称蛀心虫，属重大蛀果性害虫，主要为害桃、李、山楂、板栗、玉米、向日葵等多种农林植物和果树。桃蛀螟以幼虫为害为主。第1代幼虫主要为害李、杏和早熟桃果，第2代幼虫为害玉米、向日葵花盘、蓖麻籽花穗籽粒和中晚熟桃果，第3代幼虫主要为害栗果。防治方法如下。

不套袋的果园，要掌握第1代、第2代成虫产卵高峰期喷药。50%杀螟硫磷乳剂1 000倍液或用Bt乳剂600倍液，或35%赛丹乳油2 500~3 000倍液，或2.5%高效氯氟氰菊酯3 000

倍液。

在产卵盛期喷洒 Bt 乳剂 500 倍液，或 50%辛硫磷 1 000 倍液，或 2.5%高效氯氟氰菊酯，或 1.8%阿维菌素乳油 6 000 倍液，或 25%灭幼脲 1 500~2 500 倍液。或在玉米果穗顶部或花丝上滴 50%辛硫磷乳油等药剂 300 倍液 1~2 滴，对蛀穗害虫防治效果好。

（三）潜叶蛾

潜叶蛾的幼虫孵出后从卵壳底部潜入寄主嫩叶、嫩茎皮下组织取食，蛀成弯曲银白色隧道，在隧道中间有 1 条黑色线为幼虫的排泄物。叶片受害组织不能正常生长而另一面叶组织则正常生长，因此使叶片卷缩硬化，俗称"茶米叶"，提早脱落。新梢严重受害时也会扭曲，影响次年开花结果。幼年树和苗木受害，严重影响树冠的扩大和苗木质量。幼果受害，果皮留下伤迹。

防治方法：在成虫羽化期和低龄幼虫期是最佳防治时期，防治成虫可在傍晚进行；防治幼虫，宜在晴天午后用药。可喷施 10%二氯苯醚菊酯 2 000~3 000 倍液，或 2.5%溴氰菊酯 2 500 倍液，或 25%杀虫双水剂 500 倍液（杀虫和杀卵效果均好），或 25%两维因可湿性粉剂 500~1 000 倍液，或 5%吡虫啉乳油 1 500 倍液。每隔 7~10 d 喷 1 次，连续喷 3~4 次。

（四）红蜘蛛

红蜘蛛，学名叶螨，在我国分布广泛，食性杂，可为害 110 多种植物。红蜘蛛主要以卵或受精雌成螨在植物枝干裂缝、落叶以及根际周围浅土层土缝等处越冬。翌年春天气温回升，植物开始发芽生长时，越冬雌成螨开始活动为害。展叶以后转到叶片上为害，先在叶片背面主脉两侧为害，从若干个小群逐渐遍布整个叶片。发生量大时，在植株表面拉丝爬行，借风传播。一般情况下，在 5 月中旬达到盛发期，7—8 月是全年的发生高峰期，尤以 6 月下旬到 7 月上旬为害最为严重。常使全树叶片枯黄泛白。

化学防治方法：使用 10%苯丁哒螨灵乳油（如国光红杀）1 000 倍液或 10%苯丁哒螨灵乳油（如国光红杀）1 000 倍液+5.7%甲维盐乳油（如国光乐克）3 000 倍液混合后喷雾防治，建议连用 2 次，间隔 7~10 d。

（五）桑白蚧

桑白蚧是南方桃、李树的重要害虫，以雌成虫和若虫群集固着在枝干上吸食养分，严重时灰白色的介壳密集重叠，形成枝条表面凹凸不平，树势衰弱，枯枝增多，甚至全株死亡。桑白蚧以若虫和雌成虫刺吸枝干汁液为害，偶有为害果、叶者，重者致桃树枯死。寄主有桃、李、杏、樱桃、苹果、葡萄、核桃、梅、柿、柑橘等。北方果区 1 年发生 3 代，第 2 代受精雌虫于枝条上过冬。寄主芽萌动后开始吸食汁液，虫体迅速膨大，4 月下旬至 5 月上旬产卵，卵产于介壳下。5 月中下旬出现第 1 代若虫，6 月中下旬至 7 月上旬成虫羽化，第 1 代成虫每雌虫可产卵 50 余粒，卵孵化期为 7 月下旬至 8 月中旬。8 月中旬至 9 月上旬成虫羽化，以受精雌虫子枝干上越冬。若不加有效防治，3~5 年内可将全园毁灭。

化学防治方法：根据调查测报，抓准在初孵若虫分散爬行期实行药剂防治。推荐使用含油量 0.2%的黏土柴油乳剂混 80%敌敌畏乳剂、50%马拉硫磷乳剂的 1 000 倍液、50%混灭威乳剂、40%速扑杀乳剂 700 倍液等。

（六）红颈天牛

桃红颈天牛主要为害桃、杏、李等核类果树，幼虫在树干内蛀咬隧道，造成皮层脱落，树干中空，影响水分和养分的输送，致使树势衰弱、产量降低、甚至死亡绝产。

桃红颈天牛主要为害木质部，卵多产于树势衰弱枝干树皮缝隙中，幼虫孵出后向下蛀食韧皮部。翌年春天幼虫恢复活动后，继续向下由皮层逐渐蛀食至木质部表层，初期形成短浅的椭圆形蛀道，中部凹陷。6月以后由蛀道中部蛀入木质部，蛀道不规则。随后幼虫由上向下蛀食，在树干中蛀成弯曲无规则的孔道，有的孔道长达50cm。仔细观察，在树干蛀孔外和地面上常有大量排出的红褐色粪屑。以幼虫在主干蛀道内为害。6—7月成虫羽化，12：00—14：00活动最盛。卵产于主干表皮裂缝内，无刻槽。被害主干及主枝蛀道扁宽，且不规则，蛀道内充塞木屑和虫粪，为害严重时，主干基部伤痕累累，并堆积大量红褐色虫粪和蛀屑。粪渣是粗锯末状，部分外排。桃树一般可活30年左右，但遭受桃红颈天牛的桃树寿命缩短到10年左右，因其以幼虫蛀食树干，削弱树势，严重时可致整株枯死。

药剂防治方法：对有新鲜虫粪排出的蛀孔，可用小棉球蘸敌敌畏煤油合剂（煤油1 000 g加入80%敌敌畏乳油50 g）塞入虫孔内，然后再用泥土封闭虫孔，或注射80%敌敌畏原液少许，洞口敷以泥土，可熏杀幼虫。

果树生长季节防治以化学防治为主，在使用农药时需注意的是：一是要克服农药品种使用上的单一性。长期单一使用一种药剂，病虫容易对农药产生抗性，应采用几种不同的药剂互相交替轮换使用，以延缓抗性的产生。二是要注意不能盲目加大用药浓度、使用量和增加施药次数。三是许多害虫和病害病原菌都在病叶、病枝上越冬，散落的枯枝落叶是翌年初的侵染源和虫源地，故而应在冬春时节进行清园工作。

第四节　果树园主要草害和防治

果树园因株距行距较大，适合杂草生长，因此杂草发生的时间长，数量大，为害严重。杂草在果园的为害主要表现在与果树争水、争肥，有些杂草还是病虫害的中间寄主，其为害的综合结果是削弱树势，降低果品的产量和质量。特别是管理粗放的果园，多年生的白茅、荻，以及攀缘缠绕圆叶牵牛等，严重削弱树势，使果品产量极低甚至绝产，连年为害可能毁掉果园。果园杂草种类多，繁殖力强，蔓延迅速，为害时间长，难以防除，可使产量减少 10%~20%。

一、果树园主要杂草种类

果园整个生长期均有杂草发生，全年大体可分 4 个发生高峰期。春季 3 月下旬至 4 月下旬，2 年生和多年生杂草返青，1 年生阔叶杂草大量发生，1 年生禾本科杂草开始少量发生。5 月至 6 月上中旬，马唐、牛筋草、稗、狗尾草等 1 年生禾本科杂草和莎草科杂草大量发生，1 年生阔叶杂草反枝苋、马齿苋等也有很大数量。7 月上旬至 8 月中旬，仍以 1 年生禾本科杂草为主，莎草科杂草和反枝苋、马齿苋等部分阔叶杂草仍有发生。9 月上旬至 10 月上旬，主要是 2 年生阔叶杂草大量发生，多年生禾本科杂草及部分 1 年生阔叶杂草也有发生。

果园杂草常见种类有 20 个科 60 多种：主要有车前科的车前草；禾本科的稗草、马唐、牛筋草、千金子、狗尾草、野燕麦、看麦娘、芦苇；十字花科的播娘蒿、荠菜、野油菜；马齿苋科的马齿苋；苋科的刺苋、反枝苋；藜科的灰绿藜、藜；菊科的野艾蒿、刺儿菜、苍耳；石竹科的繁缕、米瓦罐；玄参科的婆婆纳；蓼科的齿果酸模、荞麦蔓；酢浆草科的酢浆草；茄科的龙葵、曼陀罗；旋花科的菟丝子、牵牛花豆科的大巢菜；大戟科的猫儿眼；桑科的葎草；锦葵科的苘麻；唇形科的宝盖草；茜草科的茜草、猪殃殃；莎草科的香附子、水莎草、牛毛毡等。

二、果树园的主要草害的防治

（一）人工除草

进行人工除草时，应该选择在 4—9 月结合中耕工作进行，借助锄头、镰刀等工具清除杂草，也可以直接用手拔除。该方法可以将果园内的杂草彻底清理干净，而且不会对果树造成不良影响，缺点则是费时费力。

（二）化学除草

使用除草剂，将药物用清水稀释，兑制成一定比例的药液，再做喷洒处理即可。该方法的工作量较小，且能够快速除草，但使用不当时容易引发药害，长期使用还会增强杂草的抗药性。

（三）机器除草

使用专用的除草机，规模较大的果园一般可使用该方法，优点为省工省力，可快速除草。但该方法的缺点为投入成本较大，而且除草机只能清除杂草的上部分，角落中的杂草依旧要人工清理。

（四）覆盖除草

覆盖除草是指在果园内覆盖地膜、除草布，或均匀覆盖一层厚度为 6~8 cm 的秸秆、稻草，以此来抑制杂草出土和生长。使用该方法既能达到除草目的，又能起到保温、保湿、保肥、保墒的作用，利于促进果树生长。

主要参考文献

高丁石，2017. 农作物病虫害防治技术 ［M］. 北京：中国农业出版社.

何雄奎，程忠义，2020. 无人机植保技术 ［M］. 北京：中国民航出版社.

骆焱平，2017. 农药知识读本 ［M］. 北京：化学工业出版社.

游彩霞，高丁石，2020. 农作物病虫害绿色防治技术 ［M］. 北京：中国农业出版社.

张建平，程亚樵，张运华，等，2021. 中国植保病虫草害图谱大全暨防治宝典 ［M］. 郑州：中原农民出版社.